顛覆與重構，管理者的 新商業思維

管理轉型、行銷創新、資源整合、重塑品牌……
超越傳統生態圈，打造具有前瞻性的企業競爭力！

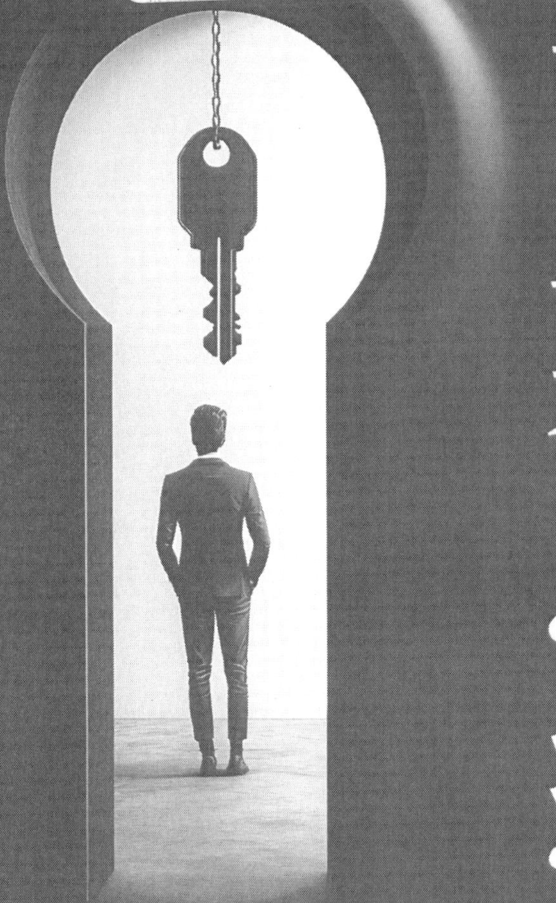

邢國英 著

超越邊界，商業與管理的策略性重構！

如何以粉絲經濟撬動市場、用創新產品擄獲顧客的心？
從顛覆性創新到粉絲經濟的轉化，
以「無邊界管理」成為市場變革的領航者！

目錄

前言

身為企業管理者，讓自己的思考方式保持與時俱進，是最緊迫而必要的事情。人類社會的發展越來越迅速，商業市場的變化日新月異，如果不能在這樣的環境中跟上新的商業思維，企業就有可能面臨危險。

為什麼在短短的時間內，Nokia 就徹底垮掉？

為什麼傳統銀行出現了存款危機？

為什麼電子支付、網路信貸一夜之間興起？

……

在網路時代，一切的變化都是未知，卻又迅速的。你的企業可能昨天生存得蠻不錯的，但是一夜之間你的市場就被別人奪去了；你的企業可能今天是市場新秀，明天卻乏人問津。這就是這個時代的商業市場，沒有人可以預測。企業的管理者能做的，就是讓自己保持最新的商業思維，提前嗅到市場變化的味道，讓自己的企業提前適應市場的變化。

有的企業剛剛適應了從正規、明顯的廣告到 PC 端的行銷轉型，卻突然發現手機客戶端的行銷已經占據了市場很大的比例；有的企業剛剛適應了製造個人化的產品，卻突然發現被賦予文化內涵的產品已經搶奪了它的市場。

市場是充滿變數的，也是非常殘忍的。管理者稍不留神，就會將企業置於危險的邊緣。在今天，每一個企業的管理者都有如履薄冰、戰戰兢兢的感覺，尤其是那些傳統企業的管理者，他們在市場的變化面前感到十分茫然。 電商是這個時代的主流，但是傳統企業卻面臨「不做電商必死，做了電商可能死得更快」的矛盾。

面對這樣的市場，管理者該怎麼辦呢？

其實，答案很簡單，那就是與時俱進，擁有順勢而為的商業新思維。

一個企業的管理者，不僅僅是管理者，他更是決策者、是市場的開拓者，所以面對市場、面對產品、面對管理、面對公關、面對行銷，他必須擁有全新的思維去安排和整合。市場競爭激烈了，必須要改變競爭的思維、改變產品的思維、改變行銷的思維；員工越來越不好管理的，就必須要明白網路時代的管理新變化，採用新思維方式去做管理；公關的局面發生變化了，管理者就不能再像過去那樣；公關治標不治本了，要坦誠的放下身段來，努力將危機化作塑造企業形象的最佳時機。

沒有誰能預測明天會發生什麼，但是管理者可以用自己的新商業思維去引導企業明天的生存和發展。在未來的市場中，只有那些擁有新商業思維的管理者才能玩轉商業，成為市場的寵兒。

第一章

明星商品思維退場，生態圈興起 —— 市場新趨勢

網路時代，人們的生活結構發生了巨大變化。這種變化讓市場瞬息萬變，對企業來說每一天都是巨大的挑戰。如果管理者忽視了市場的變化，還停留在過去靠著某款產品就能發展多年的階段，不帶領企業跟上市場新變化，可能一夜之間企業就會處於危險境地。那麼，市場發生了哪些變化，該以什麼樣的市場新思維跟上這些變化？這是企業管理者急待解決的問題。

一、市場的悄然變化

網路時代，隨著科學技術的進一步發展，消費者的需求變得更加多元化和精細化。大數據技術的日臻成熟，讓我們所處的時代每天都在發生著日新月異的變化。尤其我們的市場變化已經讓很多傳統企業措手不及，不知道該去向何方。

我們熟悉的智慧型手機市場，前幾年眾多的手機廠商還能憑藉某一款或兩、三款爆款來搶占市場，但是到了這十年，這一切都發生了改變。某些手機品牌放棄明星商品思維，開始拓展產品線，分別布局低端和高階市場……智慧手機市場雖然已是一片紅海，但眾多的手機廠商已經開始布局生態圈，因為它們嗅到了市場的變化。

我們總說「士別三日，刮目相待」，對於人是這樣，對市場更是這樣。網路時代的市場，即使是企業時刻身處其中，也並不一定能摸得著市場的脈搏和發展方向，更別說是長期脫離市場，閉門生產了。市場變化快，那麼企業的管理者就要時時刻刻跟上市場的變化，變換自己的思維，引領企業順勢而為。那我們當下面對的市場出現了什麼樣的變化呢？

(一) 市場變得越來越專業化

隨著市場不斷發展，社會專業化分工越來越明確。傳統的企業講究的是大而全，只要是與產業相關的事情，企業都要參與，廣撒網才能多捕魚。但是如今的市場早已發生了逆轉，廣撒網的結局可能是捕不到魚。

二〇〇九年八月，某集團的食品電商平臺正式上線，這個舉動算是開創了食品 B2C 的先河。但是對每一個產業來說，只要發展情勢好，就會有追隨者。隨著這個平臺的流行，各種 B2C 模式變得日益氾濫，甚至變成了競爭極為激烈的「紅海」。面對市場的變化，食品電商平臺怎麼辦呢？二〇一二年，該集團針對平臺提出了專業化發展的思路，並明確將自身定位為「做食品網購專家」，專注於食品垂直細分市場，並立志要做深、做專、做精，堅持在「舌尖」上下工夫，不斷滿足消費者需求，提高忠誠度。所以，今天我們能看到，該食品電商平臺的發展蒸蒸日上。

為什麼該食品電商平臺能在一片紅海中脫穎而出，發展得如此迅速呢？關鍵就在於它抓住了市場的變化，早早的走上了專業化發展的道路。專業化經營的核心要求就是將企業的資源優勢集中投放到某一產業或產品領域，這樣有助於降低成本、實現規模經濟、滿足顧客需求。該食品電商平臺能專注於「舌尖」，在一個細分領域下工夫，就是真正抓住了專業化的本質。

那麼專業化有什麼樣的優勢呢？最明顯的優勢就是，專業化可以提升企業的核心競爭力。任何企業要想發展，就必須具備一定的核心競爭力，而專業化可以讓企業集中有限的資源，攻其一處，不斷創新，永遠保持自己的領先地位。此外，不斷創新會自然而然的提升產業的門檻，其他的企業要想參與競爭，會有很大的難度。專業化的另外一個優勢表現在目標市場的優勢上。對於比較專業化的目標細分市場來說，企業對這個市場是比較熟悉的，企業的資源也比較成熟，核心競爭力強，企業能在這個市場內保持穩定的規模經濟效益。市場的專業化促使企業生產的專業化，所以企業的管理者一定要重視這一市場變化。

（二）市場以及產品需求變得越來越簡約

市場的簡約化並不是說市場變得越來越簡單，相反的，未來的市場將會變得越來越複雜，企業必須要做好充分的準備來應對未來複雜的市場。但是，為什麼說市場又簡約化了呢？因為消費者變得越來越懶了。

就拿消費者常用的網路帳號來說，一個消費者可能會擁有好幾個社交帳號，如果這個消費者想要在某個論壇或網站註冊帳號，他會覺得十分麻煩，所以這些網站就提供了可以用其他社交帳號登入的功能。這只是最基本的簡約化表現。某些企業在設計產品的時候，為了增加產品的價值，故意將產品的使用設計得特別複雜，可能只需要一鍵就能實現的功能，企業卻設計出很多步驟來，這反而導致消費者不知道如何操作，進而對這個產品產生討厭的心理。

產品簡約化最明顯的一個例子就是蘋果手機。在蘋果手機之前，所有的手機都要設定若干個物理按鍵，但是蘋果手機卻只設定了一個 Home 按鍵，就將所有的功能都容納進來了。這樣的產品，消費者自然喜歡。

企業在設計產品和設計市場策略的時候，一定要注意這個簡約化思維，不能總是站在企業設計者的角度去思考問題，要站在消費者「懶」的角度去思考。

（三）市場的娛樂化趨勢越來越明顯

現代社會發展得越來越快，人們的生活節奏也快來越快。快節奏的生活讓很多人感到疲憊，所以生活中多一些娛樂活動，才是人們所渴求的。很多企業抓住了消費者的這個需求，在產品生產和行銷的時候，往往會加入一些娛樂化元素，讓消費者在娛樂的過程中輕鬆消費。例如某知名電商，在參加購物節活動時，便採取了一系列娛樂化的行銷宣傳，消費者在看到這些宣傳的時候，往往會參與其中，不自覺的成為品牌的傳播者。

不僅是線上，實體的產品銷售也出現娛樂化傾向。有的產品在銷售時，會設計各式各樣的娛樂活動，當消費者參與其中，玩得不亦樂乎的時候，自然會選擇購買自己心儀的產品。據消息稱，有的商家已經在進行模式更新，未來的商品銷售將會置入在網路遊戲當中，在網路遊戲的場景中，消費者會有身臨其境的感受，購物體驗也就更爽快了。

(四) 企業的口碑將越來越影響企業產品的銷售

不誇張的說，在網路時代，口碑很多時候決定著企業的生死。在傳統的商業市場中，口碑對產品的銷售有很大的幫助，但是因為資訊傳遞的落後，一些企業即使出現了負面的口碑，透過一系列的公關手段， 就能消除這些負面的口碑，產品的銷售受影響的程度並不大。但是網路時代就不一樣了，網路讓資訊傳遞無界限，企業只要出現負面的口碑，幾乎同時就會傳遍整個網路，整個市場就會知道這個負面口碑，這對企業產生的影響可是巨大的，很可能會讓企業徹底倒閉。

某年購物節，某電商平臺可謂賺得缽滿盆滿，短短的時間內幾十億的交易額讓平臺搶盡了風頭。但令人意外的是，一封信卻讓上市的平臺站在了風口浪尖上。原來，平臺員工穿的都是冒牌貨，這讓正牌設計師十分不滿，她公開了給平臺的信，這在網路上迅速成為焦點，讓剛剛上市的平臺股票下跌好幾個百分點。

雖然平臺立刻出來道歉，但是大肆傳播的負面口碑也讓平臺站在了危險的境地，所以網路時代，不管是什麼樣的企業，都要格外關注自身的口碑。不關注口碑的企業可能一個不慎，就滿盤皆輸。

當然，與口碑緊密相連的還有一個新趨勢，那就是粉絲經濟。粉絲身為企業和產品最忠實的追隨者和傳播者，如果企業不重視自己的口碑，就有可能逐漸失去自己的粉絲。關於粉絲經濟的詳細內容，後面將會探討，此處不再贅述。

（五）市場的網路化趨勢越來越明顯

這一點毋庸置疑，網路時代，市場也要緊跟時代的發展。如果做一個調查，到目前為止沒有自己的官方網站、沒有自己的粉專、沒有自己的 Line@ 的企業有多少家，相信最終的結果也是可想而知的。在這樣一個時代裡，不參與網路上的一切，企業就會迅速淡出消費者的視野，最終乏人問津。

網路化也不僅僅是表現在形式上，管理者要懂得市場的網路化，更多體現在思考意識層面。網路的到來改變了企業的營利模式，改變了企業的管理模式，更改變了企業的創新思路。身為管理者，只有深刻理解網路的精神和思考方式，才能在市場浪潮中應變自如。

（六）市場生態圈地位日益凸顯

所謂市場生態圈，就是指市場內各個要素、各個環節、各供應商形成一個如地球生態圈一樣的永續循環。企業的營利不再依靠某一、兩款產品，而是分布在市場的各個環節。就如蘋果商店一樣，圍繞著蘋果手機，各應用軟體、歌曲等都能給廠商帶來不菲的利潤。

上述的市場六大變化，足以引起企業管理者的重視。市場不斷發生變化，關乎市場的要素每天都在出現或消失，管理者只有洞察一切，高瞻遠矚的將市場的變化與企業自身的優勢結合起來，讓自己從傳統的市場思維中轉變過來，企業的未來才會更美好！

二、快速更新的市場，企業該如何應對

這幾年，所有人都感覺到生活工作的節奏越來越快了。不管做什麼事， 感覺都像是在跟時間賽跑。企業更是如此，面對市場、客戶，都在發生著劇烈而快速的變化。前幾年年初，市場上出現了一款app，一時之間，大家的手機裡面都裝了這個軟體，並在自己的社交軟體上使用，但是僅僅過了兩、三個月，這個產品就幾乎沒有人使用了。新鮮產品的誕生，只能引起消費者一時的興趣和關注

這就是現在企業要面臨的市場，瞬息萬變、更新迭代迅速、消費者的產品關注度和忠誠度極低等。在這樣的市場中，如果企業不能小步快跑，如何跟得上市場變化呢？

跟以往相比，網路時代的市場出現了幾個新特點，也正是這些特點推動著市場的迅速變化。

(一) 消費者的消費結構發生了翻天覆地的改變

消費品不足的情況早已經成為歷史，如果一款產品還在強調自己多麼耐用、多麼受大家喜歡，那這家企業管理者的市場思維一定是落後的。從過去的電視機到如今的數位電視；從過去的手機到如今的智慧型手機，消費者追求的已經

不是產品能使用多少年，而是產品能帶來什麼樣的體驗和個性；消費者追求的不是自己手中的產品和大家都一樣，而是追求自己多麼與眾不同。企業為了迎合這一市場特點，才要不斷推出新品來吸引消費者，電子消費品才會每年出現好幾代的更新。這樣的市場，如果管理者還固守著過去的思維，想要造出多麼耐用的產品，那企業該如何生存？

(二) 消費者的群體結構已經出現了融合和交叉

企業再也不能單純以消費人群來區隔市場。以往的企業，為了更準確的定位消費者，定位市場，將消費者分為白領、藍領等階級，產品也會根據這些階級相應調整，以更符合這一階級人群的口味。只能說，這種區隔是一種粗略的市場區隔方法。如今，整個社會的各階級互相融合交錯，早已分不清誰屬於哪個階級了。在公司上班的人，誰是所謂的白領、 誰是所謂的金領、藍領？高階智慧型手機蘋果手機，早已不是有錢人的專利，在大街上，拿蘋果手機的人數不勝數，不管自己的經濟地位怎麼樣，「窮人」也可以擁有一支蘋果手機。

我們面對的市場和消費者，再也沒有辦法簡單的區隔人群， 企業能做的，就是根據消費者的需求進行人群定位。

（三）新消費需求層出不窮，要求企業不斷創新

衣食住行，是人類社會最大的需求。但是如今，這些市場內的消費品卻無法保持一成不變。過去大魚大肉的吃法被視為是富人的象徵，如今喝天然果汁、吃五穀雜糧才是生活有品質的象徵；過去市場上可以只有幾種飲料，但是如今，市場上成百上千種的飲料還不能滿足消費者的需求。企業為了給消費者更個性化、更新奇的體驗，往往需要不斷變化產品特性，創造新的產品賣點。企業的管理者必須改變以往一款產品打天下的思考模式，積極創造新賣點、豐富產品品類、精準定位目標客戶，這樣才能搶下市場。

（四）電商的興起，導致市場的交易形式、交易速度發生變化

網路時代，就是電商時代，企業管理者必須重視電商市場的發展。關於這一點，在後面將會詳細論述。

正是這些新的特點導致商業市場發生了非常巨大的變化。除了社會技術進步方面的因素外，只是消費者對市場的改變，就足以讓企業管理者轉變思維、迎合變化了。就像很多企業家在前幾年非常不看好電商，但是這幾年卻不得不做電商一樣，市場會逼著每一個企業管理者去做出改變，如果

管理者的思維停滯不前，那市場只能將其淘汰。

市場更新迭代如此之快，企業如何才能小步快跑跟上其步伐呢？企業的管理者又該如何轉換思考方式，迎接這個時代的鉅變呢？

身為管理者，自然要比其他人站得更高、看得更遠。網路已經侵入人類生活的每一個角落，也正在改變著人類的消費和思考方式。網路講求一個「快」字，這個時代也是唯快不破，所以管理者要必須要有「快」的思維。想到一個好主意，就要立刻付諸實現；發現一個新市場，就要迅速介入，並占領市場。而不是過去那種前思後想、猶猶豫豫的思考方式，不是靜觀其變，看別人會怎麼樣。這是一個分秒必爭的時代，管理者必須和自己的企業一起小步快跑。

既然消費者的多元化需求主導市場，那企業的管理者自然不能忽略或怠慢消費者的需求變化。年輕的消費者需要時尚、青春元素的產品，企業卻生產出沉穩、過時的產品，消費者自然不會買單。要探索和思考消費者的需求，企業的管理者就需要深入到消費者中去親自把脈，發現他們的需求，然後立刻滿足他們。這樣的企業管理者才算得上是與時俱進的管理者。

另外，我覺得企業的管理者還應當摒棄過去那種「懶」的思維。企業管理者總覺得緊跟市場需求會導致企業發展無法把控，去細分市場，探求消費者的需求會增加企業的成本。這種「懶」的思維會將企業拖入一個進退維谷的情況。一方面，企業生產的產品賣不出去，企業營利堪憂；另一方面，企業又無法開發出新產品，不知道自己的市場在哪裡。這樣的企業，很快就會陷入失敗的泥淖。

身為管理者，對於市場變化的掌握，並不只是看看季節，然後準備一些當季的貨品那麼簡單。它涉及決策者們的魄力、膽識、對未來趨勢的掌控能力以及準確、長遠目光。這種預測有點類似賭博，市場的未來前景不會如春夏秋冬那樣井然有序，我們都不是先知，無法預知明天會發生什麼事情，但是，依靠決策者的經驗與思維，加上三分運氣，相信企業的管理者能大致掌握市場的未來，進而帶領企業走向新的階段。

三、從滿足需求到開發需求的新視角

相信很多企業的管理者在面對市場時，還是這樣的思維：市場上只要哪款產品賣得好，我就趕緊跟風而上，只要能滿足消費者，我的產品就不愁賣不出去。聽上去，這樣的市場思維確實不錯，有了市場需求，就可以去生產;滿足了需求，產品就不愁賣。但是現實真是這樣嗎？

現實可能跟你想的完全是兩樣情。

就拿手機市場來說，這幾年的手機市場競爭可謂激烈，不管是國產手機、蘋果還是三星手機，都在為滿足市場需求拚命競爭，手機市場已經變為一片紅海。如果一家手機企業只是將眼光盯在普通的市場需求上面，那這家企業的未來必將岌岌可危。因為最大眾化的產品，最有可能在很短的時間內達到市場飽和，進而出現滯銷的狀況。

在智慧型手機沒有被研發出來之前，如果一款手機增加了攝影機或 MP3 功能，那這款手機在市場上就會賣得很好。其他手機廠商看到這種情況後，也拚命跟風，於是市場很快就會飽和，有攝影機或 MP3 功能的手機變得稀鬆平常，消費者選擇手機的時候便不再被這幾樣功能所吸引。

同樣的道理，智慧型手機被研發出來後，攝影機、影片播放器、APP 等都會成為某款智慧型手機搶占市場的亮點。

但是普遍性的市場需求總是非常容易飽和，很快各大手機生產商就一擁而上，將大眾化的手機市場占據得水洩不通。對於跟風的企業來說，面對這樣的市場，即使你生產出的手機很耐用，品質很好，也是沒用的，因為消費者已經滿足了。

那麼，為什麼還有那麼多的手機生產商依然生存得很好，而且牢牢的占據著市場呢？因為這些手機廠商並沒有一味去滿足市場，而是根據自身的優勢，選擇了某個細分領域，專心開發市場。

例如，針對老年人的手機使用習慣，某些手機生產商開發出了操作簡單、螢幕顯示清晰、聲音洪亮的老人機。老年人使用這些手機的時候就能給他們更好的體驗——斗大的字體可以讓有老花眼的老人看得更清楚；響亮的鈴聲可以讓耳背的老人及時聽到手機響等。

同樣的，市場上針對小孩開發的手機也有很多。一些手機生產商針對小孩子的特點，製造出簡單好玩的小型手機，雖然只能通話，但這種手機具備即時定位功能，使用這種手機，家長可以即時知道自己孩子的定位和情況。有的廠商則為了攜帶方便，還專門研發出手環式的兒童手機，這都是為了滿足市場的需求。

我們可以很清楚的看到，市場是無可控制的，它要麼太容易被滿足，一旦出現新的市場，眾多企業就一擁而上；要麼它太不容易被滿足，必須企業努力去開發。在網路時代，消費者需求變得多元化，變化快，細分的市場就更不容易被滿足。

那麼，企業為什麼不像上面提到的手機廠商一樣，根據自身優勢，選擇細分市場去開發呢？如果某個細分市場是你開發出來的，那麼你將牢牢的掌控這個市場的話語權。試想，如果上面提到的手機生產商只知道一味跟風， 盲目的去生產大眾性的智慧型手機，那麼這家企業該如何在競爭激烈的市場中賣出自己的產品呢？拚價格？它有可能被遠遠的甩在後面；拚品牌價值？蘋果手機、三星手機是手機市場的老大。但是要拚老人、小孩手機市場，該廠商絕對有話語權，因為它占據著大部分的細分市場。

這就是為什麼說管理者絕對不能以滿足市場的思維去面對市場，被動的思考方式會讓企業總是走在市場焦點的後面，即使能分一杯羹，那也是殘羹冷炙。身為企業的管理者，要讓企業的產品不但占據市場，而且牢牢的掌控話語權，就必須要有領先的市場開發思維。不但要開發有優勢的細分市場，也要開發消費者的潛在需求。只有這樣，企業才能立於不敗之地。

那麼，管理者該以什麼樣的市場思維來開發市場呢？其開發步驟如下所示：

市場直接面對的是消費者，那麼消費者的需求就是企業關注的重點。要開發市場，就必須先關注消費者的需求。

(一) 管理者要瞄準自己企業的目標群體

整個消費市場太大了，任何一家企業都不可能面面俱到，要想開發市場，就必須瞄準企業較為擅長的市場。例如有的企業非常擅長女性手機的研發，他們懂得女性消費者最深層次的需求，那它開發的女性手機產品就一定很受歡迎；有的企業對老年群體非常熟悉，所以它們開發出的老年人手機產品就必定無人能敵。管理者對消費者目標群體的選擇非常重要，這決定著企業市場的發展方向，若不能根據自身特長選擇，那這個企業開發的市場產品必定跟消費者的需求是脫節的。

(二) 摸準消費者的消費習慣

消費者想要什麼樣的產品？消費者會需要什麼樣的產品？什麼樣的產品能刺激消費者的需求⋯⋯這些都是企業管理者需要全盤考慮的。如果企業想開發一款女性使用的APP，那到底是開發生理期軟體？還是開發修圖軟體？針對企業的發展方向，管理者一定要摸清消費者的習慣，這樣才能有的放矢，準確占據市場。

（三）開發無形的市場

當然了，開發市場並不一定就是開發有形的市場，也要懂得開發無形的市場。例如企業產品的品牌價值、產品的隱形價值等。蘋果手機作為高階市場的佼佼者，為什麼普通的消費者也趨之若鶩？因為對普通消費者來說，它的品牌價值遠遠大於手機本身。為什麼某個俱樂部的會員卡價格是其他同類俱樂部的十幾倍？因為憑著這個俱樂部的會員卡可以免費參加一些高階社交活動。這樣的例子不勝枚舉。並不一定只有有形的市場才有價值，無形的市場或許更能給企業帶來豐厚的利潤和美好的前景。

總之，管理者絕對不能以被動思維來面對市場。企業要生存和發展，就必須打破一味滿足市場的思維，要培養開發市場的思維，只有這樣，企業才能在市場競爭中保持獨立，遊刃有餘的面對市場變化。

四、你的市場在大街上，還是在網路上

當下，電商是市場發展的主流，各行各業都掀起了一場轟轟烈烈的電商浪潮。很多企業的管理者受到電商思維的影響，也躍躍欲試的做起了電商。 但是往往很多企業在試水溫後發現，電商並沒有傳說中的那麼容易和簡單，尤其是一些傳統企業一「觸電」就死。電商不是當下最流行的商業模式嗎？為什麼有的企業卻死在了電商的懷抱裡？

造成這樣的結果，其實是企業的管理者並沒有很好的理解電商思維，看到別人在電商中賺到了錢，就急匆匆衝進去，想要分一杯羹。殊不知，羹沒有分到，自己卻栽在了電商中，被電傷。

電商是網路時代的產物，它自然是當下商業市場中的寵兒。電商依託於網路，透過網路的形式開拓市場、銷售產品，我們常見的蝦皮、MOMO、PChome 等就是主流的電商平臺。它們主要是透過網路和物流的結合來銷售產品，是最基本意義上的電商。但是電商就等同於在網路上賣產品嗎？

很多企業的管理者理解的電商就是在網路上賣產品，所以也學著其他企業，特別找人開發了電商網站，把自己的產品放到了網站上販賣。但結果往往出乎企業管理者的意料之外，自己平臺上的產品根本就賣不出去，電商的銷量還不如

企業銷量的十分之一。這是為什麼？

其實，在一開始，很多企業的管理者就理解錯了電商的含義。電商是基於網路這個自由、開放平臺的，電商能打破傳統市場的地域、空間限制，讓商品實現自由流通，這不假。但並不是說所有的商品都適合在網路上銷售，也並不是說做電商就一定要把產品搬到網上去賣。

企業產品面對的是消費者，只要是消費者願意購買的方式，企業都可以涉足。例如衣服、鞋襪等生活用品，消費者任何時候都有需求，不管是在網路上還是實體店裡，消費者都願意購買。如果有消費者急需某樣生活用品，他會到實體店購買，因為電商的物流速度是根本無法滿足時間要求的。很多人認為電商一定會替代一切的實體店，這絕對是錯誤的。實體店有實體店的優勢；電商有電商的優勢，它們相互彌補不足之處。

企業的管理者在制定市場發展策略的時候，一定要牢牢的盯住自己的消費群體在哪裡，分清楚自己的消費者是在街上消費，還是網路上消費。

一般來說，高階產品大都以實體店的形式販賣。整個社會的高收入人群，他們網購的興趣不大，但大多願意進行體驗式的購物。而講求實惠和對商品價格比較敏感的消費人群，則更願意在網路上購物。如果一家企業生產的是高階產品，那麼企業的市場重心應該是實體管道，而不是跟風做電商。

另外，受商品性質和保存期限的影響，有些產業也不適合做電商。例如餐飲業（速食除外），消費者的消費習慣永遠是去實體餐廳消費，而不是選擇網購回家裡消費。另一個例子是啤酒，沒有多少人願意在網路上買啤酒，放著慢慢喝。大多是在有消費需求的時候，直接在實體店裡購買。

所以並不是說企業一做電商就能化腐朽為神奇，要開拓自己的市場，就要弄清楚自己是線上市場更有優勢，還是實體市場更有優勢，而不是一擁而上做電商。

在網路上，企業並不一定就非得販賣商品，從廣泛的電商角度來說，企業只要參與網路的行為，就可以看作是電商行為。

某家餐廳在剛開始研發產品的時候，就不斷在網上釋出消息，請明星試吃，在社交網站、論壇上釋出消息，徵求意見。所以，網路行銷早就在它正式開店前蔓延開了。產品未出現，就已經受到很多人的關注；實體店未開業，消費者就迫不及待的等著消費。

餐廳開店了，它肯定是主打實體店，消費者需要到店裡真正消費。但是，實體店紅的同時，餐廳的線上宣傳卻從來沒有停止。消費者可以在網路上下單、到實體店裡消費。難道你能說這家餐廳不是在做電商嗎？他用的是電商的思維和形式。

如果餐廳沒有在網路上做行銷宣傳，只是透過實體店的營業宣傳來經營，說不定一個月就倒閉了。更別說是大家透過網路上下單、實體店消費的形式去品嘗了。說白了，這家餐廳的市場，其實大部分還是在網路上。

所以說，企業的消費者絕不能拘泥於電商的形式，說做電商，就把產品都放到網路上去賣；說做實體，就集中所有的精力攻實體市場。電商和實體市場是互相彌補的，市場消費者主要在哪裡，就去哪裡找消費者，賣產品，但是絕不能一條腿走路，也要兼顧另外的一方面。

這個時代，不關注線上市場是不行的，因為它是產品銷售的一個重要管道，而只關注線上市場也是不行的，因為很多產業和產品最合適的市場在實體。電商給當下的企業增加了很多可能，也對很多企業的管理者提出了挑戰。面對眾多的市場，到底該如何取捨？管理者到底該怎麼決策、怎麼協調？這都需要管理者運用全新的市場思維去勇敢面對。

五、守住專業市場的核心策略

以往，一家企業只要開拓出一塊市場，並努力維護好這塊市場，企業就可以生存得很好。一家地方性的小工廠，因為天然的地域優勢，只要能生產出好的產品，建立好自己的管道，企業的管理者根本就不用考慮市場的問題。但是現在，這個局面已經被殘忍的打破了。

傳統的企業和傳統的市場思維已經跟不上時代的發展了。隨著市場自由化的發展，全國乃至全球都成為一個可以互相流通的大市場。在很多地方，透過網路可以買到世界上的任意一款產品，傳統企業的區域優勢已經消失了。消費者購買東西的時候，可以選擇這個品牌，也可以選擇那個品牌。

市場自由化當然也導致市場競爭進一步加劇，很多知名品牌的產品為了搶市場，增加產品銷售，將業務拓展到了原來它們不願意涉及的地域。 這樣一來，知名品牌的產品就更能吸引消費者，具有地域性的產品不但在品牌競爭中沒有優勢，而且在服務上也無法超越知名品牌。

這樣的市場局面，讓諸多傳統企業始料未及，甚至是手足無措。企業原來自以為最專業的市場，突然被別人搶去了，而自己卻毫無辦法，管理者能不著急嗎？

以照明市場來說，在前幾年，推廣節能燈的時候，很多企業看準了機會搶先一步占據了很大的節能燈市場。但是節能燈因為汞汙染的問題，不是最理想的照明工具。這幾年，國際上逐步推行 「禁白政策」，白熾燈逐步退出市場，新興的 LED 燈成為市場的寵兒。那些剛剛在節能燈市場站穩腳跟的企業又要面對新一輪的挑戰。 更可怕的是，有些企業的業務會受到自身新業務的威脅。

據數據顯示，二〇一四上半年，某知名照明公司傳統節能燈業務下降了百分之十七， 而其 LED 照明業務上半年成長了百分之六十。如此大的競爭壓力，讓企業原來在傳統照明方面的專業優勢不復存在了。企業該怎麼辦？企業的管理者該怎麼辦？

對企業來說，如果面對這樣的情況，唯有迅速轉型，才能生存下來。 只有先生存下來了，企業才有機會占據市場。當然，這樣的危機局面並不是每個企業都會遇到的，如果只是面對企業轉型的挑戰也就罷了，對於更多的企業來說，來自知名品牌的競爭壓力才是最可怕的。

還是以照明產業為例，這幾年，國內的一些知名照明品牌，為了搶占更多的市場，它們利用自身的品牌及規模優勢，在全國各地大打價格戰，並且在產品方面還推出符合當地消費需求的產品。這些知名品牌擁有雄厚的資金實力，它們利用資金優勢，大力搶占原來屬於地方企業的管道，地方企業多年形成的管道和產品優勢在一夜之間蕩然無存。

面對這樣的市場競爭局面，企業的管理者還會沾沾自喜於自己曾經擁有的專業優勢嗎？還會固守自己的市場，無動於衷嗎？當然不是。任何一家企業都不會甘心自己的市場和優勢拱手相讓，面對自由化的市場、面對大品牌的競爭壓力，企業的管理者只有採取合理的措施守住自己最專業的市場，才能保證企業擁有旺盛的生命力。

(一) 不戀過去

企業的管理者應該明白，既然曾經巨大的市場已經被其他競爭者搶去了， 那就不要在耗費巨大的精力再去搶回來。很多中小企業根本沒有雄厚的資金實力跟這些大品牌對抗，要搶回來市場談何容易。既然無法搶回市場，那麼選擇一塊小的市場深耕固守，應該是可以的吧！企業可以縮小戰場，以小博大，盡量成為小池塘中的大魚，找一塊小到大企業不願意要的市場來進入，而企業自己又足以守得住這塊細分市場。這樣一來，企業才有足夠的市場競爭力 —— 不管這塊市場多麼小，只有自己才有發言權。守住了市場，就要在產品上有所突破，並始終保住這一優勢。企業要以細分市場的產品作為切入點，進而成為某一細分領域的佼佼者，只有這樣才能讓企業在業界提升品牌知名度，找到自己的生存空間。

（二）技術創新，牢守市場

擁有了小的市場，就要用創新的技術來牢牢固守這塊市場。對於任何一個企業來說，創新都是其生命線。大品牌的產品品質優、價格低，但是因為要面對廣大的消費者，所以整體顯得比較平庸，沒有產品的鮮明個性。大品牌也不會為了某個區域市場去專門進行市場技術研發，這就給了其他企業機會。只要能有足夠的技術創新，企業的產品就會擁有足以和大品牌相抗衡的實力。這些創新技術能幫助企業守住最專業的市場，並步步為營的去獲得更大的市場。

（三）產品多元化，滿足多種需求

消費者的消費需求是有很大差異的，尤其是網路時代，消費者的需求更加多元化。這就要求企業的產品必須滿足消費者的個性化需求，而全國性的大品牌除了主打產品外，不大可能針對每一個市場都去開發太多的差異產品。再者，大品牌對區域消費者的消費需求並沒有像地方企業那麼清楚，它們制定產品策略的時候針對性沒有那麼強。這都是地方企業具有的優勢，企業可以依靠自己累積多年的產品開發經驗，以最專業的角度生產出最適合當地消費需求的產品。當然，我們也知道每一種差異性產品的市場量並不大，但是這些市場的競爭往往相對和緩，對一些中小企業來說，這已經足夠了。

(四) 增加附加值，完善服務

中小企業要利用自身的區域優勢，增加產品的附加值，完善服務。任何產品，消費者都希望能物超所值、都希望得到更好的附加服務。例如消費者購買了一臺冰箱，他會期望這臺冰箱在出現問題時，能很快的妥善解決；他會希望冰箱符合他的使用習慣……對於大品牌來說，售後服務永遠是跟不上的，大眾的產品也不可能出現太多附加值的。而對於中小企業來說，這些都不是問題，售後服務絕對跟得上，為區域內的消費者服務，它們肯定是最專業的。而關於產品的附加值，可以進行多方考慮，適當結合當地的實際情況，讓消費者感到這些附加值是有實際使用意義的。

總之，對於企業的管理者來說，帶領企業守住自己最專業的市場是當下競爭極為迫切且緊要的事情。守不住自己的專業市場，不能在市場競爭中凸顯自身的優勢，企業在未來的市場中將無立足之地。

第二章

模式為王 ——

商業模式的變革之道

商業領域經常會有神話誕生。電子商務在短短的時間內創造出許多知名上市企業；平臺模式讓諸多企業華麗轉型，並得以新生；而免費模式則成就了網路企業。這個時 代企業不再需要比規模，而是要比模式。選擇一個好的商業模式，企業就如坐上了電梯，能在短時期內飛速發展。

一、免費策略的啟示：機場巴士的營利模式

相信坐過飛機的朋友都有這樣的感受：各地的機場大都在郊區，下了飛機後，乘客還得花錢乘坐專門的巴士到市區，或花更多的錢坐計程車去郊區的機場。這種下了飛機或到機場還得透過另一種付費交通方式到達目的地的情況，讓很多經常出差的人非常頭痛。那有沒有一種免費乘車的方式來解決乘客的這一煩惱呢？當然有。

某個航空就非常巧妙的設計了一種商業模式，在滿足乘客免費乘車需求的同時，又讓自己的利潤出現了大幅度的成長。

當乘客乘坐飛機到達機場的時候，會驚奇的發現，在機場外面， 有上百輛休旅車，這些車上面都用醒目的字寫著「免費接送」。下了飛機的乘客可以乘坐這些休旅車免費去市區的任何一個地方。要知道，從機場到市區，如果是搭乘計程車，需要額外花費約臺幣七百元。那為什麼這家航空在機場可以提供這種免費的接駁服務呢？

原來，它透過資源整合的方式創造出了一種新的商業模式， 具體來說是這樣的：

這家航空公司首先一口氣從汽車公司訂購了一百五十輛

休旅車。訂購的時候，它向汽車公司提出了要求：一輛原價約臺幣六十幾萬的汽車，要以每輛四十萬元的價格賣給自己；航空公司給汽車公司的承諾是：讓每輛接駁車的司機在途中向乘客詳細介紹這輛休旅車的效能，相當於免費廣告。

對於汽車公司來說，一口氣訂購一百五十輛汽車，這是一筆大單，雖然價格低，但是能免費獲得廣告。每輛車可以載七名乘客，每輛車以每天三趟計算，一百五十輛車帶來的廣告受眾人數大約是兩百多萬人。這樣的宣傳效果，無疑是極好的，還可以節省大筆的廣告費用，這也是非常划算的。

有了車，那麼司機從哪裡來呢？航空公司立刻發出了應徵公告， 承諾司機可以以一輛約臺幣八十萬的價格買車，附帶的條件是，司機買了車後，他們只要接送一個乘客，航空公司就會付給司機一百一十塊錢，並且車子的使用權和所有權都是司機的。這下子，航空公司一下子入帳 (80-40) x150=6,000 萬元。

可能有人會懷疑，司機又不傻，為什麼要以高於市場價的錢買車呢？司機確實不傻，對他們來說，買了這樣的車，就相當於從機場獲得了穩定的客源，他們開車接送就再也不愁客源了。購買了這車，還額外獲得了計程車的特許經營權，接送乘客還能獲得航空支付的每個乘客一百一十塊錢的補貼，成為航空公司的專用司機，何樂而不為呢？

對於航空公司來說，布局完這些後，它就立刻推出了只要購買五折票價以上的機票的乘客就能享受免費接送的活動。這一百五十輛免費接送乘客的車每天都會在市區跑來跑去，航空公司的優惠活動每天都可以透過這些車讓廣大消費者知曉。這樣的廣告效果好，還不花錢，航空公司自然也划得來。最令人驚訝的是，這個模式實施後，航空公司平均每天多賣出了一萬張機票！

看到這裡，想必大家都明白航空公司的商業模式了吧？透過免費的形式將資源進行整合，然後在資源整合的過程當中，增加自身機票的銷量。雖然成本提升了，但是相比於利潤的成長，成本的增加是應有之意。 從這個案例當中，我們或許能對免費商業模式了解一些了。

(一) 免費模式

乘客免費坐巴士，這本身就是一種誘惑，可以讓航空公司的口碑影響更大。其實，免費模式並不新鮮，很多企業以前在用，現在也還在用。某家防毒軟體，就是透過免費模式占據了大部分的市場。免費模式看準的就是消費者占便宜的心理，只要是免費的，不要白不要。在網路時代， 免費模式運用得更廣泛，隨處可見的免費模式，但是真正將免費模式運用得好的企業並不多。至於如何使用免費模式，在後面將提到。

（二）善於調配資源，合理設計模式

對於航空公司來說，沒有自己的司機，沒有自己的休旅車，也沒有自己的廣告公司。但是如今社會化分工這麼明確，不同的環節就有專門的人和公司去做，車和司機都可以輕鬆得到，只要調配好這些資源就好了，這就是商業模式的巨大威力。

（三）自身產品的恰當跟進

航空公司如果不以折扣機票的形式開始銷售，即使廣告做得再好， 機票的銷量也不會出現大幅度的成長；如果航空公司不善於將自己的優惠資訊在接送旅客的車上宣傳，消費者也就不能及時知曉，所以即便商業模式布局布得再好，自身的產品和服務一定也要跟上，這樣才能獲得良好的效果。

我們經常說，企業的商業模式很重要，有好的商業模式，企業發展就像是做了電梯，而沒有好的商業模式的企業發展就像是爬樓梯，既緩慢又費， 所以企業的發展，不能離開好的商業模式。

而如何選擇好的商業模式呢？這就需要企業根據自身的資源和技術優勢去做選擇和設計了。我們熟知的麥當勞、肯德基，他們的商業模式設計得非常好。可能有人會單純的將這兩家企業看成是餐飲企業，但是只要你深入探究麥當勞和肯德基的營利模式，你就再也不會相信它們只是餐飲企業了。

商業模式固然重要，但商業模式也是企業根據自身的優勢逐步探索和設計出來的，而不是盲目跟風跟出來的。在商業模式風靡的今天，企業的管理者一定不能亂了陣腳，跟風而上。只有找到適合自身發展的模式，企業的發展才會坐上直線上升的電梯。

二、定位決定未來：商業模式的基石

企業跟人一樣，為了實現發展，首先要在整個社會當中尋找屬於自己的位置。只有確定了屬於自己的位置，一家企業才會有清晰的目標和充沛的發展動力。而尋找自己位置的過程，其實就是企業的定位過程。

之前也提到了，任何一家企業的發展，都與人密切相關，尤其是與客戶密切相關。沒有客戶的企業是無法生存的，所以企業的定位之一就是客戶定位。客戶在哪裡？客戶的需求是什麼？客戶有什麼樣的特徵？……都需要企業進行明確的定位。只有精準的定位了客戶，企業才有明確的發展方向。

企業的定位之二，自然是產業定位。每個產業都有屬於自己的發展規則和模式，也都有一些特定的發展資源。如果企業找不準自己的產業定位，那企業對於市場的規則、模式、資源等就完全是茫然的，更別談什麼發展了。

企業的定位之三，是企業的市場和產品定位。企業要開拓和占據什麼樣的市場、要生產什麼樣的產品，都需要精準定位。

客戶定位、產業定位、市場和產品定位，這三個定位是構成企業發展的三個基本要素。企業要提出發展策略，提升自我的核心競爭力，贏得持續發展的動力，都必須緊緊圍繞這三個定位來進行。其中，客戶定位是三個定位的中心，失去客戶，一切都是空談。並且，企業的定位也關係到企業商業模式的選擇，不能準確定位，就無法選擇適合企業自身發展的商業模式。

那麼，在選擇合適的商業模式之前，企業該如何準確定位自己呢？

(一) 客戶定位

企業要鎖定自己的目標客戶，確實非常不容易。因為地域和市場細分的不同，導致客戶的需求也是多元化的。但不管客戶的需求差異多麼大，同一類客戶總有相同的特徵。企業可以透過創造性的方法來區分和定位客戶。其一，企業可以透過質疑和否定已有的客戶思考方式，從自身的產品出發來推斷有相同需求的客戶，以及思考產品的有哪些隱含功能符合客戶的潛在需求。透過這樣的質疑，企業就能更清楚了解客戶需求，進而重新區隔客戶。其二，從多方位、多角度思考客戶。可以先確定一個合適的客戶標準，然後用這個標準去辨識和區隔客戶。企業可以自問為什麼能吸引這些客戶來進一步明確客戶定位。其三，量體裁衣， 以企業自身的資源和優勢來定位客戶。如果實在無法精準定位客戶，最省力的方法自然是以自身優勢去選擇客戶。只要客戶的需求與企業的優勢與資源相符，那這樣的客戶就是企業要尋找的客戶。

（二）產業定位

產業定位說起來容易做起來難，很多公司已經發展得足夠大了，但是卻沒有辦法給自己一個明確的產業定位。某商業地產策劃公司的老闆就曾非常疑惑自己企業的定位，說是房地產企業吧！又不算；說是顧問策劃公司吧！貌似又不全是。所以該商業地產策劃公司有時候會因身分定位上的混亂， 導致業務受到很大影響。

產業定位，最常見的方法，就是根據企業自身的產品來定位。產業定位的方法之二，是根據企業從事的服務來進行定位。每一家企業，說白了都是在為客戶提供直接或隱性的服務。 可口可樂的生產商所處的產業就是製造加工業，而可口可樂的銷售企業，就屬於供應和零售產業。其他的產業定位方法不再贅述，企業可根據自身特性選擇和探索。

（三）市場和產品定位

市場和產品都是緊跟客戶的需求變化的。生產襪子的企業可能因為目標客戶大多是女性，而專注於女性襪子的製造、專注於女性產品的市場開發，所以企業在進行市場和產品定位的時候，一定要抓住企業的重點目標客戶。客戶定位可能是多元化的，但是企業主要開發和服務的客戶卻是一定的，只要抓住了這些重點客戶的需求，企業的市場和產品定位就不是難事了。

既然企業能準確的對產業、客戶、市場和產品進行定位，那麼企業就應該透過這些定位來制定自己的策略決策、來界定自己的競爭者、來尋求自己的合作者、來確定自己的商業模式。

企業有了好的定位，才能選擇一個更合適的商業模式，而商業模式的重要性是顯而易見的。商業模式建立在企業對自身精準的定位之上，它是企業如何營利和賺錢的商業邏輯。那一個好的商業模式包含哪些要素呢？

一個好的商業模式要包括十個要素：價值定位、目標市場、銷售和行銷、生產、分銷、收入模式、成本機構、競爭、獨特的推銷方案、市場大小和占有率。這十個要素中，很多都是與企業的定位緊密相關的。價值定位，反應的是企業的客戶定位，能提供的服務價值等。目標市場，反應的是企業的市場和產品定位，例如某女性手機品牌，目標市場是二十到三十萬歲的年輕、時尚女性，那它選擇的商業模式就應該要十分符合這個目標群體的特點。

商業模式的這十大要素，決定了企業發展的各方面。目前存在於市場中的商業模式有很多，比如平臺模式、電商模式、免費模式、搭售模式、加盟模式、代理模式、直銷模式、O2O 模式等。這些模式並不是固定不變的，不過這些模式在市場的發展和磨合中被證明是比較成功的模式。

對於任何一家企業來說，自身的特點和優勢都不一樣，所以選擇的商業模式也肯定不一樣。即使是不同的企業選擇了相同的商業模式，那具體的應用和行動，肯定也是千差萬別。就拿我們提到的幾個員工就能年營利幾千萬的類似免費的模式，放在其他的企業裡，並不一定就能做得到。大家都非常熟悉的戴爾公司，讓它們成功的直銷模式就一直為商業界所稱讚，但是戴爾的直銷模式很多企業模仿的時候，都會失敗，因為各個企業背後的資源和優勢是不一樣的。另外，不同的發展時期，各種模式的生命力也不一樣，當下比較流行的電商模式、免費模式，要是放在以前，基本上都無法開展。

所以，企業的管理者在準確找到企業的定位後，一定要根據企業定位和自身的優勢及資源，合理有效的探索適合自身的商業模式，而不是盲目去模仿別人。有的企業成功了，這是時代和它獨有的資源造就的。不管企業管理者怎麼帶領企業發展，只有適合自己的商業模式才是最好的！

三、扁平化管理與平臺思維的新機會

在傳統的企業管理中，企業的管理者喜歡，而且習慣使用的管理方式是金字塔式的層級管理模式。這種管理模式有自身的優勢，但是隨著企業的發展壯大，隨著通訊技術的發展，由上而下的管理方式已經無法適應現代企業發展的需求。為什麼會出現這樣的情況？

首先，企業的組織規模越來越大，導致由上而下的層級管理方式失靈。 因為上層與最基層的溝通會顯得越來越困難，訊息透過層層的傳遞，已經大部分或完全失真。

其次，企業中層越來越多，不但給企業增加了管理成本，還容易滋生官僚主義。通訊技術越來越完善，上層與基層的溝通完全可以實現即時溝通。 這樣一來，企業的中層就顯得有些多餘。

最後，市場瞬息萬變，企業要抓住機會，就需要加快決策速度。企業的基層是最懂客戶和市場的，他們如果有一定的參與決策權，就能大大提升企業的決策效率，幫助企業抓住機會。

所以說，隨著市場和時代形勢的變化，企業需要一種新型的管理模式來應對市場。這個時候，以專案為中心，直接對客戶和公司目標負責的扁平化組織管理模式隨之誕生了。

扁平化組織以專業分工和專案為基礎，參與市場的每一個人根據其專業分工，都有可能成為組織的管理者。

(一) 扁平化組織模式的優勢

優勢之一，能讓企業以工作流程為中心，而不是以部門職能為中心來建構企業的組織。這樣專業技術人才的優勢就能充分發揮出來。

優勢之二，可以簡化企業的縱向管理階層，削減企業的中層管理者。削減企業的中層管理者，是每個人都不願意的，但是中層層級的繁瑣已經嚴重制約了企業發展的效率。

優勢之三，企業放權能鼓勵基層員工真正以客戶為中心來提升服務。扁平化組織中，基層員工獲得了一定的決策權，他們就更有動力去改善服務，快速響應客戶需求，進而贏得客戶青睞。

優勢之四，就是扁平化組織以目標為驅動力，公司團隊是基本的工作單位，任何一個員工都能在自己的專業領域內決策，並為之負責。企業員工再也不是「社畜」，而是真正的企業主人。

企業的組織管理方式發生變化，自然就要求企業的商業模式隨之改變。 原來與金字塔式的管理方式相匹配的模式，在扁平化組織中未必就能行得通。 扁平化組織以客戶為中心、以團隊為行動單位，機動和靈活性更強，企業就應當提供更加開放、自由的平臺，讓團隊充分發揮自己的優勢。

(二) 企業管理者如何具備平臺模式思維

什麼是平臺模式呢？平臺模式指的是企業在發展過程中能提供核心價值，並使內部與外部、外部與外部之間的互通成為可能的某種形式，例如一個電商平臺，千百萬的小商家可以在上面做生意，就是平臺模式。平臺模式能牽起消費者和商家，並在其中創造價值。為什麼說企業的扁平化組織可以選擇平臺模式呢？因為扁平化組織在管理模式和資源分配方面與平臺模式有著很深的契合度。

平臺模式的精髓是可以打造一個完善的，具有巨大成長潛能的生態圈。 在這個生態圈中，企業的資源可以共享，組織形式打破以往金字塔式結構，員工可以自由發揮自己的專業才能，客戶的需求能得以即時回應，平臺上某個資源變多的時候，就會帶動整個平臺的完善和更新。

那麼，企業的管理者該如何以平臺模式的思維來面對市場，創造企業價值呢？

必須以共享、共創的思維來面對平臺化競爭

在網路時代，很多企業之間的連結和依賴程度都加強了。專業化分工讓諸多的企業只專注於某一個領域，要想完

成整個商業過程，互相之間的合作和共享就是必不可少的。商家如果缺少和快捷支付機構、銀行等的合作，就會步步受阻。

抱有開放的心態

開放性是平臺的重要特徵，在平臺上的任何資源都要以開放的心態讓平臺的參與者使用。只要處在一個平臺上，大家的命運都是連在一起的，某個參與者實現了發展，平臺上的其他參與者都會跟著發展，反之亦然，所以面對平臺模式，企業的管理者一定要抱有開放心態。

平臺一定要注重個性化與人性化

任何一個商業平臺，客戶都是連結平臺上所有商家的中心，客戶的需求可能需要多個商家配合實現，這就需要平臺模式的制定者具備人性化和個性化思維，否則平臺中若干商家的機械合作只會給平臺帶來負面的影響。

隨著網路的進一步深入發展，企業的各種架構和模式都在悄悄發生著改變。面對組織架構的變化，企業的管理者不應該有太多的驚慌，只要善於調整發展思路，讓企業找到適合自身的發展模式，企業就一定可以坐上「電梯」，實現跨越式發展。

四、專業與多元：雙軌並行的營利模式

對任何一家商業性企業來說，其經營發展的最終目標都是營利。那麼，企業該如何尋求自己的營利模式，是企業的管理者需要著重考慮的問題。既然管理者已經給企業做好了定位，也尋找到了企業發展的商業模式，那麼制定一個好的營利模式就可以讓企業實現快速發展。

這幾年，有些電信公司都在做一種活動，叫做「儲值送手機」的活動。剛開始，電信公司與客戶達成協議，一次儲值幾百元，他們就免費給客戶一支手機，並且這支手機只能選擇自家的電信公司。這種活動讓客戶感到非常划算，所以很多客戶都選擇了這種模式。

但是，時間長了，很多客戶發現電信公司送的手機品質並不高，約定使用兩年的手機其實根本用不了兩年。隨著智慧型手機的迅速崛起，尤其是高階手機的崛起，其中一家電信公司找到了一個新模式，即「預先儲值就送蘋果手機」。假如一支蘋果手機值臺幣約兩萬多元，那麼客戶只要預先儲值兩萬多元的通話費就可以獲得一支蘋果手機。對客戶來說，蘋果手機是大家都想要的，預先儲值最終還是自己消費，看起來非常划算。

這些電信公司的主業並不是生產手機，它們做這樣的活

動，靠什麼營利呢？其實答案很簡單。它們透過與蘋果公司協商，先拿到蘋果手機，再透過客戶預先儲值獲得大筆預存資金。這些預存資金除了支付蘋果手機的成本（這個成本肯定低於市場價很多），剩餘的資金，拿來做金融或其他事，以此營利。它們自身的主業 —— 通訊，並不占營利的主要成分。客戶預存的大筆資金，透過一系列的金融操作，產生了巨大的經濟效益。

那麼，既然這些電信公司在電信方面的營利不是主要的，是否可以放棄呢？顯然不可能。沒有了電信營運，它們就跟手機零售商沒有區別了，所以，主業的經營是這些電信公司營利的基礎，而多元化營利才是它們發展的最佳道路。

以往，企業管理者都有這樣的一個僵化思維，認為自己從事的是什麼產業、做的是什麼產品，那就一定要靠這個產品來營利。如果從事的主業不能營利，那企業就做不下去了。但事實真是這樣嗎？其實不然。

過去「賣什麼就要靠什麼營利」的營利模式確實沒錯，但是隨著市場的快速發展，某些產業面臨的競爭壓力加劇，產品的營利空間被嚴重壓縮。企業如果只是靠這種營利微薄的產品來生存，那壓力可想而知。但是，如果換個思路呢？如果是賣什麼就不靠什麼營利呢？是否行得通？

對很多產品來說，在消費者手中都不是單獨存在和使用的。例如飲水機，消費者購買了飲水機，接下來就會考慮用什麼樣的桶裝水；刮鬍刀，男性消費者購買了刮鬍刀之後，接下來會考慮用什麼樣的刀片，如果刀片用鈍了，要換什麼樣的刀片等。在上面的這兩種情況中，飲水機和刮鬍刀都是非消耗品，消費者購買一次後可能很長一段時間內都不會再次購買。但是桶裝水和刀片就不一樣了，它們屬於消耗品，某段時間內就肯定會更換一次。企業的管理者是否可以從中看出端倪呢？

我們前面談到商業模式的時候，提到一種商業模式為「搭售模式」。這種模式也叫「餌與鉤模式」，放在專業化經營，多元化營利的營利模式裡面來講，「餌」其實就是企業從事的主業，是必不可少的，沒有這個「餌」，企業的營利就無從談起；「鉤」就是相關產業鏈中能營利的「副業」。

專業化經營搭配多元化營利的模式，對很多企業來說，是非常好的一種營利模式。並且這種模式早已經被很多企業成功的應用在多個產業。要應用這種模式，企業一定要掌握兩個關鍵。

(一) 一定要有一個足以吸引大量客戶的主業，並且這個主業有很高的顧客忠誠度，企業在這個主業領域內專業性很強

很多企業的管理者覺得，這麼簡單的一個營利模式，誰都會用。但是如果真正去實踐這個營利模式的時候，很多企業都是失敗的。為什麼呢？因為這個企業並沒有一個能建立顧客忠誠度的主業。有的企業生產的產品很雜，沒有一個核心的產品。也就是說，這個企業並沒有專業化經營。不能專業化經營，就會導致企業沒有辦法聚集足夠多的客戶。如上面提到的，如果一家刮鬍刀企業生產的刮鬍刀並沒有什麼優勢，消費者就不會去選擇這樣的刮鬍刀。沒有消費者選擇刮鬍刀，那刀片怎麼賣得出去？所以說，專業化經營是基礎，只要基礎做好了，即使這個主業不能營利，甚至虧損，企業都能從「副業」的多元化營利中獲得很好的收益。

(二) 多元化營利的產品一定要跟專業化經營的產品有很強的相關性，並且是消耗品

在專業化經營，多元化營利模式中，專業化產品一般都是非消耗品，消費者購買的頻率並不高，並且市場上的同類產品也非常多。例如飲水機，市場上各式各樣的飲水機五花八門，消費者的選擇很多。但是消費者怎麼選擇？桶裝水是

消費者必須選擇，並且桶裝水幾乎是幾天就要換一次。於是，市場上很多飲水機廠商便抓住了這個機會，免費給消費者贈送飲水機，條件是購買他們的桶裝水。

企業只有抓住了這兩個關鍵點，專心做好自己的專業強項，然後搭配其他產品營利，這樣企業的發展才會更好、更快。當然，企業可以根據自身的特色，設計更加複雜的專業化經營搭配多元化營利的模式，只要掌握了這個模式的核心，就能設計出複雜但適合企業的營利模式。

另外，如果對專業化經營搭配多元化營利的模式進行深化設計，它就會演變為我們上面提到的平臺模式。企業依靠自身的專業化優勢，提供專業化的資源共享，就可以吸引更多的相關產業鏈的企業來合作，企業在專業化領域之外，就還能有多種營利管道。所以，身為企業的管理者，要靈活思考，轉變思維，合理搭配使用多種模式。

五、免費模式的奧祕：「羊毛出在豬馬牛身上」

很多管理者來到電子商務領域，會被網路上鋪天蓋地的「免費」弄得無所適從。很多人不明白，做生意當然是「一分錢一分貨」，什麼東西都「免費」了，還怎麼做生意？

經濟學家說：「網路思維下，很多服務是免費的，它其實不是為了免費而免費，它的真實目的也是為了創造需求，跨過一個臨界點，就可以賺錢了。」可這錢到底怎麼賺呢？我們不妨從網路企業那裡取取經。

在網路時代，網路公司的主要營利模式就是廣告、遊戲、電商，無論是什麼企業幾乎都離不開這三大塊：透過搜尋引擎做廣告、透過即時聊天工具的龐大使用者做遊戲……而在這其中，某家網路公司的營利模式卻讓人感到疑惑。

這家公司第一款產品是為使用者提供各種便捷的幫助，包括垃圾清理、軟體管家、漏洞修復等。然而，這樣一款軟體，操作介面上卻沒有任何廣告，公司在開始的幾年，也一直沒有涉足遊戲、電商等領域。那我們就不懂了，免費不做廣告、遊戲、電商的網路公司究竟是如何賺錢的呢？

二〇〇八年七月，這家公司甚至高調上市了永久免費的防毒軟體，頓時在防毒軟體市場掀起大浪，甚至遭到多家企業的聯合反對。然而，我們現在能看到的是，不少防毒軟體幾乎都為使用者提供免費服務，防毒軟體產業的營利模式瞬間被顛覆。

沒錯，免費才是電子商務乃至網路時代最實用的營利模式。免費的即時聊天工具能幫助公司迅速打開市場，直到有了足夠的使用者，無論是做廣告還是遊戲，都可以輕而易舉的成功。

電商平臺讓店家免費來開店同樣也是如此，免費開店是沒錯的，然而，那麼多的店家，你想把你的店鋪排在前面，交點加值服務費，總是應當的吧？

其實，免費並不是不賺錢的做「福利」，而是透過免費的基礎服務，累積使用者與品牌影響力，轉而透過加值服務實現收益，這是網路時代對營利模式的創新。

免費模式其實就是大家所說的「羊毛出在豬馬牛身上」，網路時代的營利模式不再是傳統的「一手交錢，一手交貨」，而是從「豬馬牛」身上拔下「羊毛」。過去「羊毛出在羊身上」，但現在，企業為使用者提供免費的服務，「羊身上不出羊毛了」，那總要尋找新業務創造收人吧！

網路可以隨時隨地的實現使用者、企業和資源的連線，管理者可以透過將產業鏈做深、做長，來讓「羊毛出在豬馬牛身上」，而關鍵則在於管理者是否有如下所示的免費模式思維。

(一) 了解免費，用免費吸引使用者

最吸引使用者的手段並不是提升產品技術含量或提高服務品質。當然，技術和品質是長期占有市場不可缺少的，但最為吸引使用者的從來都是免費的。試問，即使你的產品或服務技術含量再高、品質再好，使用者都不試用的話，誰知道呢？而免費則能最大程度的吸引使用者，只有吸引到使用者，才有機會將他們留住。

前面提到的網路公司當初正是基於這個考慮，才決定做免費的電腦安全產品。畢竟，電腦安全產品的技術含量涉及太多專業知識，你跟使用者說，他也聽不懂。那就簡單點，直接給使用者永久免費的，在大多數防毒軟體仍然需要付費使用時，它自然可以脫穎而出，在短時間內吸引到大量的使用者。

(二) 重視免費，用品質留住使用者

管理者必須明白，吸引到使用者只是第一步，留住了 使用者，讓他黏著，成為使用者數量的一分子，仍然需要不斷提高產品和服務品質。很多管理者看到網路隨處可見的「免費」後，就乾脆提供給使用者一些不值錢的免費服務，也不注重產品更新和維護，對於「不能賺錢」的產品不重視。

然而，免費模式之所以能讓「羊毛出在豬馬牛身上」，是因為企業依靠免費的產品或服務累積下了大量的使用者基

礎，而只有當企業有一定量的使用者基礎時，管理者才有資本讓「在豬馬牛身上拔羊毛」。這一點很容易理解，但很多管理者往往有意或無意的忽視。

（三）利用免費，用使用者打通產業鏈

採取免費模式的最終目的仍在於獲取營利，管理者畢竟不是在做「慈善」，不可能真的做無回報的投資。那麼，管理者如何將免費模式打造為一個「豬馬牛」心甘情願貢獻出「羊毛」的營利模式呢？

免費的產品或服務本身可能賺不到錢，但利用免費模式累積下的龐大使用者數量，以及長期的優質服務所帶來的良好形象、口碑，企業既可以開發出自有的加值服務，也可以透過與廣告商、遊戲商等合作獲取收益。

當網路時代走向行動網路時代時，這樣的免費產品或服務將為企業帶來極大的效益。比如電商平臺的支付方式，不僅為使用者提供轉帳、信用卡還款、生活繳費等諸多免費服務，一旦使用者習慣，電商平臺就能把很多產業鏈打通。有一天你會發現：無論是在網路平臺上還是實體店面，你都可以透過它提供的支付方式消費。到那一天，且不談電商平臺能透過這項服務，從合作商那裡收取多少手續費，光其中長期存在的不可想像的現金流，就能讓電商平臺在金融領域賺得盆滿缽滿。

第三章
客戶為先 ——
行銷法則的重構

今天，市場發展的飽和、媒體宣傳工具的改變、數據技術的大幅提升，導致客戶和企業在市場中的地位不斷發生變化。豐富的物質、快捷的資訊讓客戶真正成為市場中的「老大」。客戶需求已經成為主導市場發展的要素，傳統的企業行銷已經無以為繼。那企業面對這種局面，該以什麼樣的行銷思維來面對？當下流行的行銷方式又該怎麼操作？

一、廣告的消亡與新行銷手段的崛起

傳單和正規、明顯的廣告快要死亡了，這個道理其實很多企業的管理者都懂。隨著網路的進一步發展，資訊傳遞更加廉價、方便，傳單的形式是應該退出歷史舞臺了。況且，消費者變得越來越理性，但另一方面，人們的消費需求卻也更加追求感性與體驗，以往正規、明顯的廣告太過生硬和死板，對客戶的需求定位也不精準，所以消費者對它的免疫力也越來越強。

以往，不管是戶外廣告還是電視臺廣告，即使耗資巨大，但最終都能給企業帶來非常好的轉換率，廣告帶來的收益是遠遠超過廣告費本身的。但是這幾年這個情況已經發生了逆轉 —— 正規、明顯廣告的轉換率持續走低，甚至降低到了可憐的百分之七。之前非常鍾愛明顯廣告的某企業宣布停止雜誌等廣告宣傳，還停掉了報紙和電視廣告。這樣的訊息，對廣告產業來說，可謂是雪上加霜，而對於那些還在繼續投放明顯廣告的傳統產業來說，企業這一舉動也對他們提出了警示。

我們可以看到，以往靠著正規、明顯的廣告生存和發展的很多產業都已經露出了敗象。據統計，一家大型紙本媒體公司，在某年利潤下滑了百分之七十，甚至有公司停刊。這些優質的紙本媒體以往可是傳統大牌集中投放廣告的重要管道。

如果說企業的管理者沒有意識到正規、明顯的廣告和傳單的萎縮，那從它們主要媒介管道的敗象，我們可以清楚看到，未來正規、明顯的廣告行不通了。

正規、明顯的廣告行不通，那企業的行銷該怎麼做？是單純做網路行銷？還是緊跟行動網路的發展，搶占手機行銷？正規、明顯的廣告是不是真的一點兒都不能做了？

當然，網路行銷早不是什麼新鮮事了。早在十年前，網路行銷就已經開展得如火如荼。不過，即使是這樣，很多企業的管理者依舊沒有轉換行銷思維，總覺得網路行銷深似海，不敢輕易深入嘗試。就在一些企業正在猶豫著如何做網路行銷的時候，行動網路又到來了，行銷的主流又很快轉移到了手機、平板客戶端。傳統的網路行銷，難道真的過時了？

其實不然，企業的管理者要選擇什麼樣的行銷方式不重要，重要的是這種行銷方式是不是適合企業自身的發展、是不是能促進企業產品的銷售。而要想選擇到合適的方式，就得明白我們企業所處的市場到底發生了什麼變化。

企業面對的市場和消費者，早已經發生了巨大的變化。

(一) 消費者的需求更加複雜化、理性化

他們早已不再因受到電視、雜誌的廣告影響而去購物，他們更相信的是自己朋友的評價和推薦。

(二) 消費者面對的選擇更加多元化

消費者要買衣服，他可以選擇去電商平臺買，也可以選擇去某些細分的衣服專賣網站去買。傳統的廣告在消費者的購物過程中已經沒有了任何影響力。

(三) 消費者的資訊獲取管道多元化、細分化

過去消費者獲取資訊的時候，只能透過電視、報紙、雜誌等媒體，後來有了網路，消費者可以透過電腦獲取知識。但是今天，人人都有一支手機，只要手機是開著的，消費者可以隨時隨地的獲取任何資訊。

消費者已經成長為市場真正的「老大」，一切的市場需求都是消費者說了算。正規、明顯的廣告和傳單那種企業單向傳播訊息的行銷模式，已經無法給消費者提供方便、快捷、愉悅的體驗了。所以，企業的管理者首先應該改變的就是傳統的單向灌輸的行銷思維，換之以客戶為中心的多元化行銷思維。

當然，很多人都在炒作的手機行銷思維、新媒體行銷思維等，這些行銷思維的核心，還是要歸結到使用者。不管選擇什麼樣的行銷方式，企業管理者一定要保持清醒的行銷思維，絕不可以人云亦云。只要緊盯使用者，選擇恰當的行銷方式，就可以贏得更多的消費者。

我們提到紙本媒體的廣告已經快發展不下去了，但在新媒體環境下，很多企業又開發出新媒體正規、明顯廣告的行銷思路，借助新媒體的威力，它的廣告行銷效果還是非常不錯的。例如某個網站就曾經做過一系列的新媒體明顯廣告推廣，由於廣告延續了一貫的溫情，所以即使是明顯廣告，最終的行銷效果也非常不錯。

這個網站一直很主動關注使用者的體驗，不管是什麼樣的產品，都時刻掌握使用者的心理喜好。在廣大的使用者中，網站一直是文青的聚集地，所有的使用者不管是不是文青，起碼在他們的內心都懷著一顆文青的心，所以網站在和使用者做交流的時候，一直用文青的語言來面對使用者，即使是廣告，也帶有濃厚的文青小清新的風格。當使用者面對這些廣告的時候，幾乎是自然而然的接受的，根本不會因為它是明顯廣告而排斥。

所以說，明顯廣告、網路行銷、新媒體行銷，都只是行銷的手段和工具，並不是行銷的目的。面對紛亂且頻繁變化的市場和消費者，企業的管理者要緊抓使用者，緊抓產品體驗，而不是為了行銷而行銷。明顯廣告和傳單在紙本媒體中快要死亡了，網路行銷也有可能在不久的將來被手機、平板客戶端取而代之，但不管怎麼發展和變化，緊抓使用者需求的行銷新思維是一定要具備的。

二、行銷新時代：不進則退的挑戰

經濟成長放緩，相信很多企業的管理者都出現了莫名的焦慮，因為隨著經濟成長速度的放緩，人口紅利的消失，很多過去比較粗放型的傳統企業開始面臨嚴峻的壓力。尤其是在產品的行銷方面，隨著行銷模式的更新，很多傳統企業因為沒有形成完備的行銷模式，在面對新的市場時，往往顯得手足無措。

對於傳統的行銷團隊來說，過去的方式和思維已經嚴重跟不上行銷市場的變化。傳統行銷團隊的成本大幅上升，但是效率卻不斷下降。對於電話行銷來說，客戶早已經產生了厭煩心理，效果堪憂；對於大眾媒介行銷來說，入不敷出，已經沒有堅持的價值；對於 PC 端的網路行銷來說，也是一片紅海。

在這樣的行銷環境中，網路的技術在一天天進步，行動網路席捲了整個市場，傳統的行銷方式被一個個淘汰，新型的行銷方式開始占據市場主流，那些沒有行銷新思維的企業，不得不面臨市場的殘酷淘汰。

行銷進入新的時代，企業管理者應該具有哪些思維？

(一) 行動網路逐漸成為市場的主流，手機端逐步搶占了 PC 端的市場。企業的管理者應當培養行動網路思維

以往，由於網路技術的局限性，消費者在使用網路的時候，往往都要借助 PC 端，所以 PC 端的市場行銷一度是市場的生力軍。但是隨著智慧型手機和 3G、4G 技術的不斷完善，手機端也能隨心所欲的介入網路，消費者的目光開始投向更為方便、好用的手機端。

(二) 社交工具的崛起，打開了行銷的新時代。管理者應當具備微行銷的新行銷思維

以往的網路行銷陣地大都集中搜尋網站、資源下載網站或新聞入口網站。這樣的行銷只是單向的行銷，要麼是企業花費大量的精力和資金尋找客戶、要麼是客戶花費大量的精力尋找企業，企業和客戶像是在捉迷藏，互相找不到，需求媒合非常失敗。但是新行銷時代，網路社交工具崛起，大量的客戶都集中在社交軟體中，有相同愛好和需求的客戶往往會聚集在一起，這使得企業更容易找到客戶。而且，因為社交工具拉近了客戶與企業的距離，企業也能更容易的掌握客戶的需求。社交軟體上有什麼大事，在很快的時間內，整個

網路上都知道了。如果企業做一次成功的事件行銷，效果是可想而知的。

（三）新型的行銷方式和模式層出不窮，管理者要有創新行銷思維

數位技術的飛速發展，讓行銷的方式也變得五花八門。以往提到行銷，除了傳統的行銷模式外，大家能想到的大概也就是常見的幾種網路行銷方式。但是在新媒體來襲的今天，數位雜誌、網路廣播、數位電視、電影、影片、電視牆等都成為行銷的新陣地。捷運、車站等人流密集的地方，電視牆播放的廣告產生的行銷效果是傳統的行銷不能比肩的。當然，這只是形式和工具，真正能讓行銷發揮作用的，還是企業打動和影響消費者的內容。

（四）大數據時代的精準行銷，讓企業直接面對消費者，管理者要有大數據思維

不管怎麼說，以往的行銷方式即使是轉換率再高，也不能做到精準打擊每一個目標。很多客戶的需求往往都是隱藏的，企業根本發現不了，加上資訊不對等，企業在行銷方面浪費了精力，卻得不到收益。隨著數據技術的發展，這些問題通通都被解決了。

企業憑藉著對使用者數據的全面掌握和準確分析，就能給不同的客戶提供他們需要的商品資訊。甚至，某個時間段內，客戶需要什麼，企業就能精準的預料到，並及時推播行銷資訊。這樣做的結果是，企業避免了行銷方面的成本浪費，而客戶也不再受到商家的頻繁騷擾，適時、適當的資訊推播反而讓客戶倍感溫馨和人性化。

行銷，是任何時代、任何商家都必須面對的問題。除了行銷工具和模式的不斷更新，企業的管理者更應當著眼於不斷更新自己的行銷思維，讓企業的行銷模式和工具跟上時代的發展。其實，不管採取何種行銷模式，行銷的核心永遠都不會變，那就是客戶的需求。如果客戶沒有需求，那再好的行銷也失去了意義。在行銷更新的今天，客戶的需求更加注重感情滿足和娛樂化，企業的行銷絕對不能沿襲過去一板一眼的思維，也不能因為自己曾經是大品牌就高高在上。那樣的時代已經成為過去，現在，客戶才是「老大」！

三、客戶需求與極致體驗的核心地位

客戶是企業行銷的核心，客戶體驗就是企業產品生產和行銷的基礎。不能抓住客戶的需求和體驗，企業的產品就會失去價值。我們在上面早已經提到，客戶已經逐步成長為市場中的「老大」了，過去一直宣傳的「客戶就是上帝」的理念終於得以實現。那麼，面對這種市場地位的「倒置」，企業應該以什麼樣的思考方式來做行銷呢？

之所以說企業和消費者的市場地位「倒置」，是因為在很長的一段時間內，企業相比較於消費者，總是占有優勢地位。企業生產什麼樣的產品，消費者就只能去購買什麼樣的產品。對於消費者來說，因為選擇不多，往往不得不屈服於企業。在這種不對等的關係中，企業也逐漸形成了一種自我優越感，往往不注重消費者的需求和體驗，對消費者也是愛理不理。

但是，如今幾乎所有的市場都已經出現了產品飽和，擺在消費者面前的選擇多了，而擺在企業面前的競爭壓力卻大了。消費者的需求開始占據市場的主導地位，企業的生產退居後位。面對這樣的地位變化，很多企業轉變得非常快，但也有很多企業因為思維慣性，遲遲沒有改變。例如一些傳統的生產企業，在生產產品的時候，不關注市場需求、客戶訴求、消費者體驗，導致雖然產品生產出來了，但是根本銷售不出去，消費者根本不買帳。

那企業該怎麼辦呢？

(一) 當然是準確定位並牢抓客戶需求，以客戶的需求爲企業產品的發展方向

既然企業和消費者的市場地位已經發生了改變，企業就應當趕緊轉變思路，開始研究客戶的需求。例如家用電器，以前消費者關注的重點是產品能用多長時間，如果壞了怎麼辦之類的問題，但是現在消費者關注的重點是，該產品的功能怎麼樣？操作是不是人性化？使用起來是不是非常方便？……這些需求的變化要求企業產品的設計重心也要相應改變。

問題是，很多企業的管理者因為思考方式沒有真正發生轉變。在他們的眼中，滿足客戶需求就是給客戶最好的東西，但因為沒有準確定位客戶的需求，他們自認為最好的東西，在客戶看來卻一文不值。

有這樣一個故事：

某刮鬍刀生產企業在一個大型商場開設了專櫃，專賣刮鬍刀。專櫃開設了一段時候後，該企業發現，這個專櫃的刮鬍刀銷量遠遠不如其他銷售據點的銷量。這是什麼原因呢？

如果說人流量少的話，這裡可是商場，人流量比該企業

其他銷售據點的人流量大多了。既然不存在顧客流量的問題，那刮鬍刀為什麼賣不出去呢？論品質，該企業的刮鬍刀品質也是非常不錯的，並且小有名氣，消費者購買後口碑非常不錯。那是什麼原因導致商場裡面的專櫃銷量不如其他銷售據點呢？

經過一番調查後，該企業發現，原來他們忽視了商場的特殊性。刮鬍刀是男士專用品，一般的購買者都是男士。而對於男士來說，在購買刮鬍刀的時候，很少有人會跑到專櫃去買，都是在超市裡面就隨手購買了。那麼，難道刮鬍刀不能在商場專櫃賣？

其實不然。該企業的調查者發現，每天來專櫃看刮鬍刀的顧客也很多，並且大多都是女性顧客。原來這些女性顧客都是來為自己的丈夫或男友購買刮鬍刀的。她們之所以只看不買，就是因為專櫃裡面的刮鬍刀設計外形完全不符合女性消費者的特點，雖然是買給自己的丈夫或男友，但自己看著不順眼，怎麼會買呢？

該企業的管理者看到這個調查結果後，果斷的做出了一個決定，專門為商場設計一批刮鬍刀 —— 刮鬍刀在功能不變的情況下，外形設計加入一些女性喜歡的元素。這樣設計的刮鬍刀再次進入商場，那些為自己的丈夫或是男友來挑選刮鬍刀作為禮品的女性客戶，一眼就喜歡上了這些刮鬍刀，她們迅速買下自己喜歡的刮鬍刀，刮鬍刀的銷量成長了很多。

很明顯，在這個故事裡，雖然刮鬍刀是男士用品，但購買者是女性消費者。女性消費者的喜好決定了她們會不會購買這樣的商品。可能會有人懷疑，刮鬍刀的最終使用者是男士，如果外形設計新增了女性元素，男性消費者怎麼會喜歡？很多人正是有這樣的僵化思維，所以在思考問題的時候往往會陷入失誤。

女性消費者購買了刮鬍刀，是送給自己的丈夫或男友做禮品的。男性收到這份禮品時，有的可能會保管起來，更多人可能會用。但是用刮鬍刀的時候，大多數人是在自己的家裡使用的，帶不帶女性元素，對刮鬍刀的使用沒有任何的影響。況且，男性消費者一般都只關心刮鬍刀好不好用，外形怎麼樣，幾乎不怎麼在乎。

該企業的獨到之處，就是精準定位了客戶的需求。他們敏銳的發現，他們在商場專櫃的產品，面對的消費者不是男性，而是女性。女性消費者是最終的購買者，所以產品只要在保持基本功能的情況下，符合女性消費者的需求就好了。

(二) 讓客戶有極致的產品或服務體驗，客戶才會爲產品買單

對於企業來說，準確定位客戶需求還不夠，要想讓客戶滿意，還要在客戶體驗上下工夫。需求抓住了，企業只是發

現了市場方向，但如何才能用極致的體驗去滿足客戶的需求，這就需要企業在產品的設計和行銷方面努力。

那客戶體驗的核心是什麼呢？是情感滿足。客戶面對企業的產品和行銷，首先想到的是我喜歡不喜歡這個東西，其次才會想到這個東西對我有什麼用處。只有給使用者最佳的體驗，讓客戶的情感需求在產品或服務當中得到滿足，企業才能跟得上市場發展的步伐。

所以企業在做行銷的時候，就應當緊緊抓住「需求」和「體驗」這兩個關鍵。讓客戶在滿足中成為企業忠實的粉絲，也讓企業獲得更多客戶。

四、微行銷的祕密：破解客戶關係

微行銷，這是網路時代新興起的一種企業行銷模式。之所以稱為「微行銷」，是因為這種行銷方式借助的平臺和工具相比過去呈現出「微」的趨勢，而且，「微」並不是單指形式上的微小，更指企業對客戶需求挖掘精準，對客戶關懷的無微不至。

隨著社交工具的普及，微行銷也如日中天，一步步侵占行銷市場，成為企業青睞和重用的行銷手段。社交工具並不存空間的限制，當使用者註冊，並使用這些工具後，他們就會與周圍熟悉或陌生的朋友形成一種社群，每個客戶都可能是自己所在的社群的中心。借助這些工具，使用者能隨心所欲的訂閱自己需要的內容，可以發表自己的觀點、可以向好友推薦自己認為值得使用的商品等。

也正是這樣，商家可以透過提供使用者所需要的資訊，在無形當中行銷自己的產品。這樣的行銷是點對點的，是非常精準的行銷。除了提供有效的行銷資訊外，企業還能與使用者直接即時交流，更能增加使用者的信任感和依賴感。對企業來說，這種類型的行銷也不需要太多的行銷成本，可謂CP值極高。如果說把微行銷跟傳統的行銷相比，微行銷的優勢體現在它主張「虛擬」與「現實」的互動，它可以透過行銷建立起涉及研發、產品、市場、品牌傳播、客戶關係等的行銷鏈。在這個行銷鏈上，企業可以根據需求整合各種資源，透過創新的行銷方式，把不同的使用者整合起來，實現以小博大、以輕博重的神奇效果。

既然微行銷這麼厲害，那麼企業在面對這種行銷方式的變革時，該以什麼樣的方式來思考呢？面對微行銷的神奇效果，企業的管理者又該如何下手，帶領企業進入新的行銷時代呢？

毋庸置疑的是，面對微行銷的來勢洶洶，企業的管理者一定要培養起微行銷的行銷思維，不但要理解微行銷的形式，更要深入理解微行銷的核心。

人與人之間的社交關係，體現在企業的行銷策略中，就表現為客戶關係。企業參與到這種社交關係中，目的就是為了挖掘客戶關係，贏得使用者，實現行銷，所以微行銷的核心就是客戶關係的管理。

那麼，如何以新思維抓好客戶關係呢？

(一) 抓客戶關係的第一步 —— 培養新客戶

既然企業已經處於社交關係中，那客戶與企業之間透過不同的社交網路，就能聯繫在一起。客戶不會無緣無故被企業所吸引，所以企業的微行銷手段就很重要，而創意行銷在這個環節中就變得非常重要。很多企業就是借助這個機會，想出各式各樣的行銷創意，把事件跟自己企業的產品串聯在一起，進而吸引大量的使用者前來關注。如果企業營運得當，透過一次事件，企業的粉絲就會呈指數級成長，這樣企業的新客戶就算是培養起來了。

透過各種新奇或另類的行銷手段拉新使用者的方式很多。網路上每年都會有年度流行語排行榜，很多流行語都是從一些病毒式的行銷影片中傳播出來的。如果企業能做到這種地步，讓某些影片或片段呈病毒式傳播，企業粉絲數的成長那是必然之中的事情。

(二) 抓客戶關係的第二步——轉化和維護老客戶

企業花費成本吸引了大批的新客戶關注，這並不是企業的最終目的。企業的最終目的是讓客戶購買，將新客戶轉化為老客戶。一些單純的行銷手段只能在短時期內吸引客戶的注意。但是如果企業不能針對客戶的需求進行有效的轉化，那即使是已經吸引過來的客戶也會轉身走開。

所以轉化客戶很重要，如何轉化新客戶呢？首先是新客戶分類，面對大量增加的新客戶，如果不對客戶分類，那未來的行銷也就沒有針對性，甚至可能導致新客戶的厭惡，產生反效果。其次是啟用潛在的客戶，新客戶中肯定有一部分是直接的潛在消費者，企業只需要運用行銷策略啟用他們的需求，他們就會很快轉化為老客戶。最後是篩選那些已經嘗試過的客戶。當下很多企業都會推出試用活動，以聚集大批的新客戶。這些新客戶在試用過企業的產品後，會表現出不一樣的反應。企業只有透過這些不同的反應篩選最好的客戶，最終得到的才是優質客戶。

上面只是轉化新客戶的一些思維，在新客戶變成老客戶後，企業更要珍惜老客戶、要善於維護老客戶。企業若不時以熟人的身分關心和關懷老客戶，那老客戶就會很快轉化為企業的忠實客戶。這對企業來說，是善莫大焉的事情。

（三）抓客戶關係的第三步——將客戶變夥伴，與客戶建立聯盟

透過上面的步驟，企業已經將新的客戶發展為企業的忠實客戶了，那企業就應當更進一步，把這些忠實客戶當做企業的寶貴資源，再深入挖掘，與客戶結盟，把客戶變成夥伴。每個企業的客戶中，都會有那麼一些大客戶或是超級大客戶，他們本身就有優質和稀缺資源。如果利用這些大客戶在社交網路中的影響力對企業進行行銷，那行銷的精準度和效果將非常驚人。當然，如果與客戶結盟，企業與客戶之間

應該是互利雙贏的關係，可以透過交換彼此的資源來達到資源的優化配置，進而將客戶價值發揮到最大。

以上都是透過微行銷的工具來進行客戶關係的管理。微行銷是一種新的行銷思維，企業理解了微行銷的核心，就可以靈活選擇適合自己的行銷方式和工具。不過，就在當前來說，做微行銷也要掌握好一個重要的入口，那就是客戶手中的智慧型手機。

智慧型手機的重要性，我們在前面已經說得太多。微行銷的陣地，現在通通都轉移到了手機裡。對很多人來說，獲取的各種訊息、資訊，大都是從智慧型手機的軟體中來。在智慧型手機的 APP 市場上，五花八門的 APP 層出不窮，而手機成了它們最重要的入口和出口，行動網路更是讓智慧型手機如虎添翼。

面對這樣一個行銷入口，企業在做微行銷的時候，一定要抓住重點。只有抓住了這個重要的行銷陣地，微行銷才能做得風生水起。

五、社群與新媒體的影響力

在新鮮事物層出不窮的今天，行銷領域也出現了新的行銷動態，那就是新媒體行銷。我們都知道，媒體是具備價值的資訊載體。透過媒體行銷，是企業在過去吸引消費族群的主要手段。那麼新媒體又是怎麼回事？它是如何影響企業的行銷趨勢的呢？

新媒體，顧名思義，是因為科學技術進步而產生的新的媒體形態。相比較於報刊、戶外、廣播、電視等傳統意義上的媒體，新媒體表現為強烈的數位化趨勢，例如數位報刊、數位電視、網路廣播、智慧型手機、觸控式螢幕電腦等。這些新的媒體形態逐步取代了傳統的媒體，開始對消費者產生更大的影響。

當你進入理髮店理髮的時候，你會發現理髮店的座位前安裝了一款數位電視，在數位電視裡播放著各式各樣的影片和廣告。當理髮師給你理髮的時候，因為無聊，你會選擇去看鏡子旁邊的數位電視裡到底在放什麼樣的影片。這些數位電視會播放很多的廣告影片，它讓你打發時間，而在打發時間的時候，你就有可能不知不覺受到廣告的影響，進而成為商家的潛在客戶。

當你在捷運站、火車站等車的時候，地鐵站和火車站裡無處不在的電視牆裡大都是一些比較有趣的廣告影片。為了打發等車的無聊時光，你會選擇看一看這些廣告影片，有的廣告中直接跳出 QR Code，你會拿起手機掃這些 QR Code，進入商家的網頁瀏覽和獲取資訊。

上述都是比較常見的新媒體形態，只要是人流量比較大的地方，數位新媒體出現得都比較多。這是為什麼呢？因為現代人們的生活節奏很快，除了工作之外，人們休閒和娛樂的時間一般都比較零碎，就是在這零碎時間裡，人們才會關注一些工作之外的東西。新媒體正是在這個趨勢中發展壯大的。短小的影片、無處不在的數位電視、隨處能找到的商品 QR Code 等都可以讓消費者在零碎時間裡充分利用自己的時間，既實現娛樂休閒的目的，又能關注、購買自己需要和喜歡的產品。

對企業來說，新媒體的這一特性是值得企業的管理者思考的，新媒體形式已經逆轉了傳統媒體。企業即使是投放廣告，也應該要有新媒體思維，在潛在客戶出現多的地方，在客戶關注度高的地方努力行銷，這比廣大撒網的傳統媒體有效得多！

新媒體除了迎合消費者零碎時間需求外，它在滿足消費者社交、互動性表達、傳播性訴求方面也有明顯的優勢。新形勢下的消費者對企業有了更高的要求，他們希望自己的渴望和訴求能得到企業有效的回饋、他們希望能與企業有效互動、他們希望消費不僅僅是為了滿足物質需求，更能在精神上得到滿足。甚至，消費者要求能參與到企業產品的生產過程當中，這樣最終的產品會明顯的帶上消費者自己的個性特徵。

新媒體也正是在消費者這些需求的呼喚中崛起的，而企業為了滿足消費者的這些需求，也開始逐步建立社群，供消費者參與和回饋，社群便逐步壯大，成為新媒體行銷中的一股重要力量。例如很多企業會將產品的設計、生產的過程錄製成影片，放在影片網站上供消費者觀看，消費者在觀看的同時，就能在影片下方留言，與其他網友或企業進行良好的互動。

或者，很多企業都在論壇建立自己的社群，在這個社群，網友可以自由的討論所有與該企業產品相關的問題、積極的向企業獻言獻策。而企業受到社群裡客戶的靈感激發而生產出暢銷產品的例子也是數不勝數。某知名的手機品牌就是社群做得最好的企業之一。他們利用各種新媒體管道吸引粉絲，然後建立粉絲社群，參與粉絲討論，讓粉絲參與產品設計的諸多過程等。社群中的使用者們不僅有了參與感，還滿足了自己個性化的消費需求。

當然，社群的崛起也與自媒體是緊密相連的。自媒體的出現，讓社群的發展趨勢更加明顯。每個消費者的需求都會有一個對應的社群出現，而這個社群中，企業是最積極的參與者。面對這樣的局面，企業的管理者還能無動於衷嗎？不參與新媒體形勢下的社群，企業的行銷將會舉步維艱。

除了上述特性，如果從消費者的角度來看新媒體，消費者選擇新媒體的主動性和目的性將越來越強。這就導致新媒體市場的細分也會越來越精細。當然，企業自不必說，面對越來越細分的市場，唯有越來越精準的行銷才能跟上時代。

消費者以前接受行銷廣告和資訊的時候，很多都是被動的，一番廣告轟炸之後，消費者的厭惡心理就產生了。如今媒體技術發展了，消費者可以自由選擇想要的資訊和訊息。消費者獲得了絕對的主動性，他們關注並參與這些企業行銷陣地的目的性也很強，就是衝著滿足需求去的。

總之，不管怎麼說，新媒體與社群的崛起，給企業的管理者帶來了新的行銷思路。企業不僅僅要善於迎合消費者的需求，例如零碎的娛樂需求、娛樂和休閒的心理需求等，還要懂得營造更加精細化的行銷陣地、建立精準的行銷社群。況且，企業只要經過篩選和轉化客戶，就能培養起一大批的忠實客戶，這些忠實客戶就是企業組建社群的基礎。新媒體下的社群行銷要善於採取多元化的手段，找到與企業產品的結合點，絕對不可以硬套。

最重要的是，要營造精細化的行銷陣地、建立精準的行銷社群，企業就需要以新興的大數據思維去思考和布局。因為只有大數據才能幫助企業挖掘出每一個精準客戶，只有大數據才能幫助企業發現客戶的每一個需求以及潛在需求。在大數據時代，一切的行銷，都可以轉嫁在大數據之上，有了大數據的支持，行銷將會變得輕鬆容易！

六、數據驅動的精準行銷

有這樣一個非常有趣的故事：

美國曾經有一名父親因為偶然翻閱了自己女兒的電子郵件，發現在女兒的信箱裡有亞馬遜商城推播的一封郵件。這封郵件讓這名父親勃然大怒，他立刻將亞馬遜商城告上法庭，而法庭也判定亞馬遜要賠償這名父親的女兒。

到底是什麼樣的郵件讓這名父親這麼生氣，並將亞馬遜商城告上法庭呢？原來，這名父親在女兒的信箱裡看到一封亞馬遜商城推播的關於嬰孕產品的郵件。最關鍵的問題是，他的女兒才十七歲。這名父親覺得亞馬遜商城的推播嚴重影響了自己的女兒，所以將亞馬遜商城告上了法庭。

事情還沒有結束。後來，這名父親詢問了自己的女兒，在女兒的交代下，原來女兒真的不小心懷孕了。為什麼會出現這樣的情況呢？連父親都不知道女兒發生了什麼狀況，那亞馬遜商城又是憑藉什麼，知道了使用者的潛在需求呢？答案是：大數據。

雖然這個故事真假未知，但是它背後的邏輯值得企業和消費者深思。在網路時代，消費者的隱私已經不再是祕密了，只要參與網路，消費者的個人資訊就有可能面臨洩漏的風險，而且，因為數據技術的不斷成熟，消費者在網路上的一舉一動都會被記錄下來。即使是消費者的個人資訊沒有洩漏，但是消費者的興趣愛好、購物偏好、潛在需求等都會被網路記錄和分析，所以從這個角度來看，亞馬遜商城能比女孩的父親還提前知道女孩懷孕的消息就不足為奇了。

人類正從 IT 時代走向 DT 時代。IT 是指資訊科技，而 DT 是數據處理技術的縮寫。IT 時代是以自我控制、自我管理為主，而 DT（Data Technology）時代是以服務大眾、激發生產力為主的技術。這兩者之間看起來似乎是一種技術的差異，但實際上是概念上的差異。

也就是說，進人 DT 時代，所有的網路數據都有可能被加工和分析，企業能進而依數據，更好的為大眾服務，激發出強大的生產力。例如亞馬遜商城，會員在他們的網站購買東西後，自然會留下使用者的各種資料。亞馬遜利用大數據技術，對使用者的數據進行分析，就能得到使用者的其他資訊，像是興趣愛好、家庭條件等。在會員下一次購物的時候，亞馬遜就會很智慧的向使用者推薦一些商品，而這些商品正好是客戶想要的。有的使用者在使用亞馬遜商城一段時間後，就會對它產生依賴，因為它就像是一個知心朋友一樣，隨時隨地的給客戶提供一些建議，推播一些客戶正需要的商品。

網路時代，客戶講求的是購物體驗，需要的是無微不至的服務關懷。企業一個正中客戶下懷的推播服務，可能就會贏得客戶的信賴，從此成為該企業的忠實客戶。而我們前面講到的微行銷、新媒體行銷等行銷模式，都需要利用大數據技術去支持。什麼時候把合適的內容推播給合適的客戶，這需要客戶的搜尋關鍵詞、瀏覽、點選、關注、下單、地址等一系列的數據來分析。企業得到這些數據，就可以透過雲端運算和大數據技術分析出客戶的年齡、家庭、是否有房、是否有車、平時喜歡什麼樣的品牌等。分析出這些數據後，企業可以根據不同的數據進行推播，像是對於有孩子的家庭，如果能分析出孩子的年齡，則可以適時推播一些兒童用品等。

可以說，在大數據時代，整個世界都被連線成一個巨大的網路。每個使用者和企業都是這個網路中的一個節點。在未來的市場中，使用者已經不存在什麼隱私了，因為數據就能告訴我們一切。企業在這樣的環境中，如何利用數據進行行銷呢？

數據思維是必不可少的，不要覺得數據只是一堆沒有感情的數字，數據是活的，就看企業怎麼應用。過去，企業會對自己的使用者做一些數據統計，會在客戶生日的時候送去祝福或禮物。這些都是最初級的利用數據來贏得客戶信賴的手段。以前數據技術並不發達，即使企業掌握了大量的數據，也沒有辦法對數據進行深人的分析，所以在很多企業管理者的眼中，客戶數據雖然重要，但是並不能給企業帶來太多的價值。有了這樣的思維，企業就對收集和整理客戶數據失去了動力。有的企業發展了幾十年，卻並沒有掌握太有價值的使用者數據。這就是沒有數據思維導致的。

如今，雲端運算和大數據技術已經發展到了一個很高級的階段。只要掌握使用者的一手數據，就能讓數據產生生產力，讓數據自動為企業實現行銷。未來的時代是 DT 時代，企業如果不能盡快培養起大數據思維，用數據的方式去思考問題，未來的行銷將非常吃力。

有了數據思維還遠遠不夠，還要懂得將數據轉化為實實在在的行動。未來的行銷是精準行銷的時代，粗放式的行銷將無立足之地。即使是企業分析了數據，得到了有用的客戶資訊，如果不能積極的將數據分析的結果付諸行動，那也是枉然。很多企業都會說，使用者的數據我們都有，我們也在根據使用者的數據進行分析和行銷，但是這些企業都沒有注意到，他們分析和處理數據的方式還是老套，根本沒有將雲端運算和大數據的精髓運用於其中。亞馬遜商城是在使用者數據的基礎上，透過各式各樣的數據技術建立模組，然後在此基礎上，深入挖掘客戶需求，啟用客戶的潛在需求。大數據技術不是簡單的數據分析，需要企業花費大的精力去實實在在的研究和實踐。

有使用者因為看了一些盜墓筆記小說，對小說中的一些喪葬器物很好奇，所以在網站搜尋。他沒有想到的是，接下來的一個多月，只要打開網站，就會看到網站的喪葬用品推薦，什麼棺材之類的東西，這讓他不堪其擾。這樣的使用者體驗，怎麼能贏得使用者的信賴呢？

這也是企業對大數據技術利用不夠得當，沒有領會大數據技術的精髓，只是簡單粗暴的進行了使用者數據的匹配導致的笑話。

大數據時代裡的大數據思維，不是企業一朝一夕就能實現的。既然行銷的局面發生了變化，新型和新興的行銷方式層出不窮，那麼企業就應該從根本上轉變思維，積極接受新的行銷思維。而大數據是這一切行銷的基礎，沒有數據的支撐，什麼樣的新興行銷方式都是空談。企業的管理者，要不怕困難，積極投身行銷思維的轉型，讓大數據思維和新的行銷思維指導企業的行為。這樣，企業在未來的發展過程當中，才有可能抓住每一次機會，走在市場的前端。

第四章

小眾為大——
產品設計的全新邏輯

隨著市場經濟不斷深化，人們對產品的需求也發生了極大的改變。物質需求已經不再是消費者第一位的需求，個性化的心理滿足逐漸成為決定企業產品發展方向的重要因素。小眾產品、為狂熱而生的產品、高科技智慧化的產品等，無一不是企業在新產品思維的影響下創造出來的。企業要牢牢掌握人類的個性化需求，讓產品不僅滿足消費者的物質需求，更要滿足心理需求。

一、為熱愛而生的產品設計思維

在某手機品牌日漸受歡迎的今天，「狂熱」一詞也跟著紅起來。品牌手機剛誕生的時候，研發者就給它定位為「為狂熱而生」。什麼叫做「為狂熱而生」呢？按照創辦人的解釋，就是年輕人需要一種熱愛，這種熱愛是一種文化，而他們正創造並引領了這種文化。

「狂粉」是指某些產業或某些活動與物品的愛好者，在正常的情況下，狂粉就是指共同愛好者，指那些志同道合的人。在狂粉的眼中，只有對某些產業或某些活動的愛好和熟悉程度達到一定程度，才會被認同為狂粉。這些狂粉因為對某些事物有瘋狂的愛好，所以他們往往是最了解該事物的人，並不斷推動該事物往前發展。甚至，還會直接參與其中，成為某種事物的生產者和創造者。

面對「狂粉」的這個需求，市場上自然出現了諸多迎合「狂粉」的產品，手機品牌就是其中之一。在發展之初，該手機系統只開發了簡體中文、繁體中文、英文三個版本。狂粉看著不過癮，該手機便立刻補充上傳了二十五種語言，大大豐富了系統語言；原生系統的適配機型只有三十六款，手機品牌的狂粉自發合作改進，讓系統的適配機型多達一百四十三款……這些粉絲的「狂熱」行為正印證了創辦人的解釋，年輕人需要一種熱愛。

一旦使用者對某款產品熱愛，這款產品就再也不是一個人在戰鬥，大批的狂粉會因為熱愛和興趣，自發的參與到產品的完善與研發過程當中。不管是提改進建議，還是自己主動研發，粉絲們都樂在其中，而產品也因此獲得了無比旺盛的生命力。

對企業來說，如果產品都能像上述的手機品牌一樣，有那麼多的粉絲，能讓粉絲自動自發的幫助企業的產品不斷完善和改進，那企業的產品就成功了一半。每個企業的產品經理都知道，世上從來不存在一款完美到無可挑剔的產品，只存在能不斷改進和優化的好產品。那什麼樣的產品才是好產品呢？

我們從上述的手機品牌的身上或許能看出一點：好的產品一定是有個性的產品。雖然說整個市場上的安卓系統的智慧型手機看上去都差不多，但該手機品牌卻以高的硬體配置和親民的價格贏得了使用者的喜歡，重要的是，系統的改進和完善，使用者是直接參與其中的。在普通使用者的概念中，手機屬於高科技產品，很多人對手機硬體之類的東西根本不懂，因為不懂，所以很多人非常好奇。手機品牌針對使用者的這一需求，不斷以圖片、影片的形式來給使用者講解相關內容，這樣使用者對手機的興趣就更加濃厚了。

我們可以看出，產品個性化的背後，其實是對使用者情感需求的滿足。不管是滿足使用者的好奇心，還是滿足使用者的歸屬感、榮譽感、成就感等，只要讓消費者參與其中，產品就有了屬於自己的個性。這種個性在相當程度上是消費者自己賦予產品的，所以企業在研發產品的時候，一定要有讓使用者參與的思維。產品不再是由企業高高在上的生產出來賣給消費者就結束了，消費者有跟企業和產品互動對話的需求，如果企業能滿足這些需求，那產品的個性也就更加明顯了。

提到情感滿足思維，這在女性產品設計的過程中尤為重要。對於女性來說，她們是天生的情感動物，在購買產品的過程中，她們內心是否喜歡，在相當程度上決定了她們的行為。看到一款車，如果外形討她們喜歡，不管這車的功能怎麼樣，只要條件滿足，她們就能立刻買回家。看到一則產品廣告，只要廣告中的某個元素，像是色彩、音樂，只要打動了她們，不管需要不需要，她們必定會關注和購買。

但令人遺憾的是，在企業的產品設計方面，很多企業雖然在表面上討論滿足女性的情感需求，但往往並不能很好的去理解男性思維和女性思維的差距。大多數產品的設計都只是從男性思維出發，設計出的產品只能是想像中女性會喜歡，實際投放到市場上時，根本乏人問津。

好的產品為狂熱而生，除了具備個性化、情感滿足等元素，在產品的功能設計上，企業絕對不能「狂熱」過度。有些企業管理者的思維縝密、邏輯性極強，所以他們在設計產品的時候，往往陷入個人主義的僵化思維。即，他們把自己當作是消費者去想像產品的功能和操作，最終的結局是產品只有邏輯性極強的專業人士才能使用，一般使用者根本不會操作，或說是操作使用極為繁瑣。

產品的「狂熱思維」是要讓產品得到消費者的參與，而不是讓消費者無法參與。市場上這樣的產品比比皆是，有的產品甚至需要在消費者購買後，對消費者進行專門的使用操作培訓，消費者才會使用。這樣的產品可能會贏得部分使用者的喜歡，但如果產品走的是大眾路線，那這樣的產品思維無疑是失敗的。

所以，產品要狂熱，也要人性化，要讓產品的操作和使用簡單化。簡單化是人性中天生的需求，產品只有不斷迎合使用者簡單化的需求，才能彰顯出產品本身的人性化發展趨勢。這也可以看做是產品設計的「懶人思維」，再狂熱的使用者也不願意每次使用產品，都把其他不必要的功能使用一遍，也不願意透過種種操作才達成一個簡單的目的。

當今的市場競爭越來越激烈化，產品的設計也需要不斷突破常規，在創新的路上贏得更多的消費者。資訊大爆炸讓消費者的審美和關注出現了疲勞，常規的產品已經不足以吸引消費者的目光，加上產品的硬體門檻已經非常低，任何一家企業都可以生產出同類型同功能的產品，企業靠什麼與別人競爭？靠什麼脫穎而出？答案當然是靠產品的創新與個性化。管理者如果沒有這樣的思維，他必將失去大半個市場！

二、「小眾化」與高等級產品的關聯

相信很多人都有這樣的感受，大眾性的暢銷品，往往價格都比較低，而那些比較「小眾」的商品，價格卻往往高得出奇，並且即使價格這麼高，消費者也並不一定就能買到。為什麼會出現這樣的情況呢？現在的市場不是已經出現了生產過剩的狀況了嗎？為什麼還會出現供不應求的局面？

其實，這並不是因為生產不足導致的，而是產品的定位決定的。任何一款產品，在生產之前，企業都要對產品未來的市場和消費者做定位，只有準確的定位才能更順利將產品賣給消費者。而在定位的過程中，有的產品定位大眾市場；有的產品定位小眾市場。這種定位的不同，直接導致了產品在未來銷售過程中的價格和銷量，也決定了產品在市場中的等級。

礦泉水是與我們的生活密不可分的一種產品。市場上生產礦泉水的企業特別多，各種等級的礦泉水也數不勝數。但是我們發現，同樣是五百毫升的一瓶水，不同品牌的產品價格差距特別大。超市裡的一瓶礦泉水可以賣十塊錢，但是飯店裡其他品牌的水就可能賣五、六十塊錢，並且這種賣得很貴的水在市場上一般見不到。為什麼？因為這些小眾品牌的水走的是高階產品的路線，定位高階，主要面向的是高階消費者。如果拋開產品本身的價值不談，小眾高階水其實是在某種程度上迎合消費者的消費心理。

人們消費的個性化趨勢越來越明顯，每個人在消費的時候都希望自己消費的產品是獨一無二的，希望產品能彰顯自己的品味和身分，很多小眾產品正好提供了這些內容，讓消費者在消費產品時，附帶滿足心理需求。

在這個世界上，任何時候市場上都是物以稀為貴。身為企業的管理者，在面對企業產品開發的時候，一定要善於在產品的稀缺性上做文章。產品思維並不是說只關注產品本身，而是要多關注產品附帶的隱形價值。

當然，並不是說市場上的消費者都是因為獲得優越感才去消費小眾的產品，小眾的產品也並不全是因為製造稀缺性而提升了等級和營利空間。因為種種因素，每個人的消費需求是千差萬別的，有些人群可能會因為某些因素構成一個小眾的消費群，他們也是小眾市場的主力軍。企業要善於滿足小眾市場的特殊需求。

例如在服裝市場上，就有一個比較小眾的市場，那就是大尺寸服裝消費群。一些消費者因為身材比較豐滿，在大眾市場上往往難以挑到合適自己的服裝，但是服裝是生活必需品，挑不到服裝並不是就不消費，所以一些企業單獨為這些人群生產大尺寸服裝，不管是大尺碼的鞋，還是大尺寸的衣服，都能最大限度的滿足消費者。對於消費者來說，這樣的小眾市場給了他們便利；對於企業來說，雖然這個市場相比大眾市場來說比較小，但是如果能深耕，營利空間還是非常可觀的。

服裝的小眾市場是因為消費者的一些不可抗拒因素形成的。還有一些市場，純粹就是因為不同的消費品味造就的。例如歐洲貴族們喜歡的精品、名車等，都是因為消費者自身的消費品味獨特於大眾市場，所以形成了高階小眾市場。很多百年企業，其實就是靠著小眾市場慢慢延續下來的，它們不但做出了品牌，更是將產品的等級提升到了其他產品無法企及的地步。

企業在產品設計的時候，一定要根據自身的產品準確定位，如果能在小眾市場上贏得足夠的市場，就不要擔心小眾市場太小。縱觀現有的諸多小眾市場，正是因為小眾，所以他們的營利空間比大眾市場要高得多。

另外，隨著市場的逐步細分，每一個細分領域都會精準對應某個消費族群的需求，加上消費者需求的不斷個性化，在細分領域又出現了更加小眾的細分，這也要求企業要具備小眾產品的思維，要能不斷滿足消費者，在更加細分的領域發揮自己的專長。

有一個電商平臺，定位是線上消費型藝術品交易和社交化分享平臺。我們都知道，藝術品本身就是一個極其小眾的產品，消費人群少，而且還存在藝術品訊息與潛在消費者嚴重不對等的問題。這個平臺上線後，就把眾多新銳藝術家的作品放在平臺上銷售，一下子打破了藝術品產業資訊不對等的局面，在藝術品交易這個小眾市場中占據了一席之地。據媒體報導，它在上線短短十個月內，便累計註冊藝術家超過兩千人；線上藝術品成交量達到上萬件，累計銷售額超過臺幣一千八百萬元。

這個平臺正是抓住了小眾消費者對小眾藝術品的需求，在這樣一個看似非常不值得做的細分領域做得風生水起。消費者獲得了自己想要的藝術品，而平臺也因為提供了這樣的一個資訊和交易平臺而占據了很大的市場。

在網路時代裡，大而全的公司和產品並不一定就能獲得很好的發展機會，那些小眾的企業和產品反倒有可能生存得很好。有的企業管理者擔心產品的切入點太小，面對的消費族群太窄，會導致企業發展很快就會遇到天花板。其實不然，小眾市場固然面對的消費者有限，但是消費者的需求是無限的。儘管細分市場的切入點可能很小，只要企業善於深挖，或許就能挖到「金礦」。

不過，不可否認，小眾市場其實也是一個高風險的市場。如果企業的操作不當，就可能導致產品的關注度低，銷量不通，甚至產品很快消亡。但是隨著市場競爭的激烈，後來加入的企業已經很難在市場上找到出路，大眾性的產品競爭激烈，企業生存堪憂。企業與其在一片紅海中搏殺，還不如另闢蹊徑，尋找屬於自己的細分領域。小眾產品思維只要運用得當，就可以牢牢掌控好一塊足夠企業生存發展的市場。企業只要勇於深挖市場，勇於將小眾產品思維運用到極致，讓消費者享受到極為個性化的產品，或許就可以像那些精品品牌一樣，突破原有的消費族群，成為高階產品的領軍者。

三、消費者成為共創者的趨勢

這幾年，在市場上出現了一種產品設計的模式。在這種模式裡，企業產品的設計任務不再由企業產品的設計部門來完成，而是在一些專門的大眾網路上外包給個人完成。如果任務需要多人完成，則由網路徵集多人完成。這種模式被稱之為「外包模式」，而且在企業的各個領域都陸續出現了外包的身影，像是銷售、生產等。

這種模式有什麼好處呢？在美國，外包模式已經對有些產業產生了顛覆性影響。一個跨國公司耗費了幾十億美元，卻始終無法解決自己的研發難題，當它將研發問題外包給個體時，一個外行人在短短的兩週時間裡，就圓滿完成了這個任務。曾經一張具有專業水準的圖片可能需要出資臺幣幾百塊才能得到，透過外包模式，現在，臺幣幾十塊錢就可以得到具有同樣水準的圖片。

我們提到外包模式，不是要探討外包模式本身，而是以外包模式思考企業在產品的生產設計過程當中，應該以怎樣的思維去理解產品和使用者之間的關係。如今，產品的設計和生產再也不是過去只能由企業操刀的單向性的過程了，使用者已經急不可耐的參與進來。隨著網路的深入發展，使用者與企業之間的距離越來越近，具有不同專業才能的使用者在使用產品的同時，更願意參與到產品的生產過程當中，企業能因此獲得更具特色，使用起來更加舒適的產品。況且，隨著使用者的參與，企業產品的成本會有相當程度的下降，上面提到的例子就是最好的證明。

使用者與產品之間的關係，一直以來都是糾纏不清的。使用者也是產品的生產者，最明顯的表現就是使用者的需求會在無形當中影響產品的銷量，進而影響到產品的設計和生產。一款手機好用不好用、能不能滿足消費者的需求，在銷量上完全能看得到。銷量好的手機必然是比較能滿足使用者需求的，銷量差的手機，說明它沒有市場，沒有市場的產品是根本存活不了的。

當然，並不是說單個或少量使用者的需求就能影響到產品的生產。在傳統的商業中，只有大量使用者的需求趨向一致時，企業才會考慮根據使用者的需求更改產品的設計，這種改變往往是被動的。現在，企業產品如果還是被動接受改變，那企業的發展就已經走上了艱難的道路。消費者的需求越來越個性化、小眾化，不能迎合消費者需求的產品都會很快遭到市場的淘汰。

使用者也是產品的生產者表現之一，是使用者的創意能直接影響企業產品的生產設計，甚至是使用者直接參與到產品的生產設計當中，自己成為創造者。我們在前面曾提到過的消費者幫助手機改進系統，使得產品產品更具個性化、更適應消費者的需求，就是一個例子。

在國外，有公司致力於為消費者提供更具個性化、更有創意的產品。經過市場調查後，這家公司發現市場上所有的產品，包括更新換代極快的日常生活消耗品，都沒有一款是完全符合消費者需求的。生產企業雖然也在不斷改變產品以滿足消費者，但消費者的需求是無限的，廠商根本滿足不了。

針對這種情況，這家公司為消費者提供了一個創意平臺，在這個平臺上，消費者可以根據自己的需求提出創意。創意可以是文字描述，也可以是圖片設計。使用者的創意提交之後，平臺上的其他使用者就會為這個創意投票。舉例來說，使用者想設計一款適合冬天使用的個性拖鞋，他就會根據自己的需求提出創意。當這個創意在平臺上的投票超過一定的數量後，這家公司就會讓專業設計師評估這個創意。如果這個創意在技術上可行，具有一定的市場價值，那該公司就會讓設計師根據創意設計出若干產品效果圖，供平臺使用者評選。

最後，使用者評選出最佳的產品效果圖後，該公司就會聯繫廠商生產。當初參與了產品創意和投票的使用者可以直接預訂產品，等產品生產出來後就可以直接送到使用者手中。甚至，提出創意或投票的使用者，有時候就是產品生產者，當產品的效果圖確定後，使用者直接可以承接生產。

在這個環節中，我們可以發現，傳統觀念中的使用者已經消失了，產品與使用者之間的關係也不再是簡簡單單的消費關係，而是轉變為複雜的，既是生產者又是消費者的關係。

對使用者來說，產品的創意是自己提出或參與的。這個創意的形成過程自己是參與的，這樣使用者在心理上就有一種代入感和親近感。最主要的是，使用者之所以參與這個過程，是因為他對這個產品有需求，將來產品生產出後，自己是直接的消費者。

從產品的角度來說，這個產品再也不是大眾市場上的一般消費品，它是具有個性化特徵的產品。它可能不會滿足每一個消費者的需求，但它是專為一小部分客戶生產的，完全實現了按需求生產。

再從企業的角度來看，企業不用為不能抓住使用者的需求而迷茫了。隨著產品更新代換速度的加快，企業為了滿足使用者的需求，往往應接不暇。現在使用者直接參與到產品的設計過程當中，使用者提出的需求就是實實在在的市場價值。企業可以在使用者需求的引導下，進行個性化生產。

其實，不管企業、產品、使用者三者的關係怎樣，使用者永遠是三者關係的核心。企業的管理者具備什麼樣的產品思維，就得看他怎麼認知使用者需求。個性化、創新性、人性化等產品特性，都是在使用者需求的基礎上誕生的。當使用者的需求反作用於產品或使用者直接參與產品設計和生產時，企業應該看到這種巨大變化的市場價值，而不應該驚慌失措。

四、懶人經濟下的產品簡單化、人性化與智慧化

說到「懶人」，很多人的思維當中對這個詞並沒有好感。「懶人」意味著一個人不勤快、好吃懶做、不懂得創造等。但是如果認真去關注一下世界上帶著「懶人」色彩的產品，你就會發現，其實「懶人」思維才是世界上產品創新的不懈推動力。

在這個世界上，所有的產品都可以滿足人的某種需求，而人的需求又是沒有極限的，所以為了更好的滿足人類的需求，各式各樣的產品都被創造出來。洗衣機的發明讓人類再也不用手洗衣服了，減少了人的勞累；手機的發明讓人類的聯繫更加方便，人類再也不用為時間和空間的巨大限制而煩惱；汽車被發明出來，人類再也不用勞累奔波，進而解放了自己的雙腿；為了減少麻煩，人類發明了免洗用品，像是免洗筷、免洗牙刷……

對比古代與現在，各式各樣的產品在被發明創造出來後，滿足人類需求的同時，也讓人類越來越「懶」。正是這種「懶」讓人類的生活越來越便捷、越來越舒適。所以，對人類來說，「懶」並不是壞事；而對企業來說，有時候「懶人」思維更能幫助企業產品贏得市場，創造奇蹟。

從宏觀層面來說，好產品，一定是符合人的消費習慣和人性的東西，而人性當中，懶的因素天生具備。所以，企業的「懶人」思維就是指企業不斷迎合人性需求，滿足人類的消費慾望，提供更加便捷、舒適、好用的產品。企業的產品正是在「懶人」思維的影響下，漸趨完美，成為消費者的最愛。身為企業的管理者，應該從哪些方面入手，合理培養產品的「懶人」思維呢？

(一) 努力追求產品的簡單化「懶人」思維

這裡的簡單化思維，並不是指減少產品的功能，讓產品顯得單調，而是指在不斷增加產品功能的同時，還能讓產品的操作和使用變得更加簡單、便捷。手機是我們常用的通訊產品，手機的誕生縮短了人們之間的空間和時間距離，使得人與人之間的溝通更加方便、快捷。在手機誕生之初，只具備基本的語音通話功能，後來手機又慢慢增加了簡訊功能、拍照功能、上網功能等。發展到今天，智慧型手機已經幾乎替代了傳統意義上的手機，智慧型手機的功能相比於最原始的手機，可能已經增加了幾百上千倍。但是從原始手機密密麻麻的物理按鍵到今天智慧型手機的單一 Home 鍵，手機的操作是越來越簡單，越來越便捷。手機並沒有因為功能的增加而增加物理按鍵。這就是最明顯的簡單化「懶人」思維。

人性中有懶的因素，所以人會不斷追求方便與便捷，只有將產品的操作變得越來越簡單，消費者的產品使用體驗才會得到改善。自動化洗衣機、自動擋汽車等操作簡單化的產品越來越受到大眾的喜歡。有的企業在進行產品設計的時候，往往喜歡將產品的操作複雜化，尤其是一些人機互動的產品，如果功能操作過於複雜，消費者在無法操作後，會對產品產生厭惡的情緒。如此一來，產品的市場堪憂。

產品的簡單化「懶人」思維，其另一個含義是指產品的平實、好用。有的產品並不是功能越多越好，消費者在追求豐富的產品功能的同時，又會對產品具有太多的功能產生厭倦之感。舉例來說，人們穿的衣服，在衣服之上附加的功能越來越多，就會失去衣服本身的價值。衣服本身就是用來遮體避寒的，即使人們為了追求美而設計出太多功能的衣服，衣服本來的價值並沒有變。如今人們越來越喜歡一些簡單設計的衣服，像是無印良品平實好用的衣服，只是簡單的滿足消費者的某種需求，它就是迎合了消費者簡單化的追求。

總之，簡單化包括產品設計的簡約化、產品操作的簡單化等。不管什麼樣的產品，只有簡單完美的才是最打動消費者的。企業的管理者一定要注意培養自己這方面的產品設計思維。

（二）努力追求產品的人性化「懶人」思維

人性化，指的是一種理念，在產品設計過程當中追求人性化，就是指在保持產品美觀、實用的基礎上，能根據消費者的生活習慣、操作習慣等來設計產品，方便消費者，做到既滿足消費者的物質需求，又滿足消費者的心理需求。所以，這裡所說的「懶人」思維是從人性的角度來說的。

人性有一種被尊重的需求，當產品的功能設計體現出人性化，讓消費者用得舒心時，消費者就會感受到被尊重，進而增強對產品的忠誠度。

舉例來說，我們常用的耳機，一般企業在生產耳機的時候，都會在兩個耳機上分別標明「L」和「R」，以區分左右。這就導致很多消費者在使用耳機的時候，養成了強迫症的習慣，他們每次戴上耳機的時候，都會確認一下耳機的左右，在確認耳機左右的這個過程中，就會給消費者造成一些麻煩。有的企業根據人性的特點，特意在左邊耳機上增加了一個凸點。當消費者拿起耳機的時候，其實很快就用觸覺確認了左右，根本不需要再去看一眼。這樣的人性化細節也讓這家企業的耳機比其他企業的耳機更受消費者的喜歡。

與上面耳機的人性化設計相反的是，那些反人性化的設計。飛利浦曾經有一款空氣清淨機就設計得非常反人性化。飛利浦的空氣清淨機在生產的時候，為過濾網包上了厚厚的塑膠包裝。消費者買回來需要先拆開空氣清淨機，拿掉這些塑膠包裝，才能讓空氣清淨機發揮作用。很多消費者在購買回來後，並沒有注意去看飛利浦空氣清淨機上的小字說明，而是直接插電使用。但是對於濾網沒有去掉保護膜的空氣清淨機來說，即使插電也是白白浪費電，根本發揮不了空氣淨化的作用。很多消費者在得知這個消息後，都對飛利浦的這一反人性化設計感到反感，因為它並沒有尊重人的「懶人」天性，而是設計了複雜的拆裝程式，反而讓消費者產生了被欺騙的感覺。

一般說來，企業在產品設計過程當中，要想讓產品更加人性化，就需要在產品的表達方式上遵從以下幾個規則：

規則一：產品標示的顏色比文字更易於分辨；

規則二：圖畫比文字易於理解，也更符合消費者習慣；

規則三：簡明的列表比大量的文字描述更易於消費者理解；

規則四：通俗的描述比專業術語更受消費者喜歡。

從上面提到的幾個例子中我們能很清晰的看到這幾個規則的運用。產品的人性化可能只是細節的調整，但正是這些細節給了消費者最佳的體驗 —— 蘋果手機的圓角設計就是對人性化最好的闡釋。企業的管理者一定不能忽視人性化因素在產品設計當中的應用。

（三）努力追求產品的智慧化「懶人」思維

「智慧化」其實是消費者非常熟悉的一個概念，目前很多產品的設計都在不斷追求智慧化。隨著人機互動技術的不斷完善和發展，智慧化只會越來越普遍。最常見的如智慧家居、智慧汽車、智慧醫院等，消費者在追求舒適、方便的過程中，對產品的智慧化提出了各式各樣的要求。智慧產品也是這幾年企業努力的方向。關於產品的智慧化，內容太多，在這裡就不一一贅述。但是企業管理者的產品思維中一定不能缺少了智慧化的思維，因為它是未來所有產品都要努力的方向和目標。

不管怎麼說，在企業的產品設計過程當中，不但要考慮產品本身的個性，更要始終以人為中心，從人的需求出發去思考產品設計。好產品可以是小眾的，可以是某個細節打動消費者的，更可以是消費者自己參與生產的。產品在滿足消費者基本需求的時候，更要善於滿足消費者的心理需求。人總是渴望與外界交流，那些能滿足消費者心理需求的產品，才是消費者真正需要的。

五、滿足心理需求：產品設計的新標準

俗話說「世上沒有無用的東西，就看你怎麼用。」對企業來說，也從來沒有無用的產品，就看產品滿足的是消費者的什麼需求。在日常消費中，大多數產品都能滿足消費者的物質需求。冰箱、洗衣機、電飯鍋、汽車等產品的基本功能就是為消費者的基本需求服務。但我們都知道，同樣是冰箱、同樣是洗衣機，就算基本功能是相同的，它們在市場上的價格也能是千差萬別的，有品牌的產品比沒有品牌的產品賣得好、賣得貴；個性化的產品比一般化的產品賣得好、賣得貴……

為什麼會出現這樣的差別？為什麼生產相同產品的不同企業市場競爭力大不相同？這是因為很多企業管理者的產品思維已經嚴重落後，他們的思維還停留在滿足消費者基本需求的階段，不懂得從消費者的心理需求入手。

根據心理學家馬斯洛的人類需求層次理論，人類需求從低到高可以按層次劃分為五類，分別是生理需求、安全需求、社交需求、尊重需求和自我實現需求。其中，除了生理需求和安全需求外，其他的需求都是比較高層次的需求。馬斯洛的需求層次論，正好能為企業對產品背後的需求分析指明了一條行之有效的道路。企業在產品的設計過程當中，絕

對不能忽略使用者的社交需求、尊重需求和自我實現需求。一家企業，也只有充分滿足消費者的心理需求，產品才能打開並占據市場，贏得消費者的青睞。

(一) 從尊重消費者的社會認同、滿足社交需求角度來說，企業的管理者應當強化產品的社交屬性

雖然網路不斷深入發展，人與人之間的溝通變得越來越容易，但人們的社交需求卻越來越強。整個社會中越來越多的人感到孤單，資訊的氾濫讓人類找不到自己的位置和方向。每一個人社交的欲望比以前任何一個時代都強烈。從我們生活中的社交軟體，到一些影片社群網站，再到各式各樣的論壇等，消費者不但渴望與其他消費者分享需求與想法，更渴望與企業互動交流。消費者都希望能在與他人溝通交往的過程中尋找到自己的位置和歸屬感。

大家都熟知的可口可樂，在這幾年的廣告行銷過程中就特別注重社交元素的加入。可口可樂的廣告詞也花樣繁多，諸如男子漢、才女、宅男等新鮮的網路用詞被運用到可口可樂的瓶身廣告當中。這些詞針對的正是社會中的某些群體，這些群體在購買可口可樂的同時，自然而然就會有一種群體的歸屬感，他們在喝飲料的同時也滿足了自己的心理需求。

走在大街上，兩個拿著相同廣告詞的消費者相遇，很可能會因為對產品廣告詞的認同，而開始現實中的社交。

滿足消費者的社交需求，企業最常規的辦法就是藉助現代發達的社交軟體與消費者形成互動溝通。社交軟體可以強化消費者對企業產品的認同，他們在與企業或其他消費者交流溝通的過程中，或許沒有從產品本身得到社交需求的滿足，但是因為產品帶給了他們社交的機會，發揮了紐帶和橋梁作用，消費者對產品的忠誠度自然會提升。

除了在形式上搭建企業自己的論壇，企業應該向可口可樂學習，引導使用者參與社交外，更要透過產品功能和產品廣告的社交元素來拉攏消費者，培養屬於自己的粉絲。粉絲經濟在今天為什麼有極大的潛力？就是因為粉絲經濟的模式適應了消費者的社交需求。

(二) 從尊重需求的角度來說，企業的管理者要時刻掌握消費者的消費心理，適時讓消費者感受到自己被尊重，感受到自己的與眾不同

人一旦滿足了生理需求、安全需求和社交需求，就會向更高的需求層次邁進。如今幾乎所有的服務場所都會在提供服務產品的時候製造差異化，劃分出諸如會員、貴賓等身分

等級。這其實就是在滿足消費者的尊重需求。消費者在使用服務產品的同時，企業會根據消費者的不同層次，提供不一樣的服務。那些會員、貴賓使用者往往能享受到優於一般消費者的服務和產品，所以他們的心裡自然會產生一種被尊重的滿足。

我們之前講過產品的小眾化，其實在某種意義上來說，企業就是透過小眾的產品來滿足消費者被尊重的心理需求。國際上知名的精品品牌、超前的高科技產品、純手工打造的商品、高價優質的產品等，都是企業滿足消費者、尊重消費者需求的結果。消費者有了這些產品和服務，就會獲得一種身分象徵。LV 包和普通包，基本功能是一致的，但是消費者感受到的被尊重的感覺是有天壤之別的。當消費者獲得一種身分和心理上的優越感時，自然覺得受到了社會和其他人的尊重。為什麼飛機和高鐵上會設定頭等艙或商務艙？正是在滿足消費者的被尊重需求。

所以，管理者要有新產品思維，要懂得去滿足消費者更高層次的需求。任何產品都會首先滿足人的生理需求，但是只有那些底層需求和高層需求相互交錯，不但滿足消費者生理需求，還能滿足消費者心理需求的產品，才是真正的好產品。

(三) 從消費者的自我實現需求來看，產品一定要具備文化要素，一定要與消費者的價值觀達成一致，讓產品趨於完美

在我們的消費市場上，各式各樣的新奇產品非常多，但能稱得上完美的產品並不多。完美的產品會在無形中蘊含一種文化，具有自我生成的能力，能讓消費者產生價值觀認同。

眾所周知的賈伯斯就是完美主義的追求者，他創造的蘋果手機已經成為全世界人民都喜歡的產品。為什麼蘋果手機能受到消費者的青睞，贏得巨大的市場呢？因為蘋果手機倡導的完美主義理念，這個人性化的文化追求，已經隨著蘋果手機深入到了消費者的理念當中。蘋果手機不但給消費者提供了完美的人性化手機使用體驗，更把賈伯斯的人文情懷帶給了全世界。蘋果手機和賈伯斯讓消費者看到了自我實現的可能性，它已經化為一個符號，鼓勵著諸多的消費者不斷努力和渴望。

對於所有的產品來說，滿足消費者的物質需求，都是最基本、最低層級的。在物質如此發達的今天，最基本的物質需求已經能輕而易舉的滿足，消費者的需求早已專注於心理滿足。企業也不能只是為了生產而生產，那些只靠賣實物產

品來營利的企業早已危機重重。人的需求才是第一位的，只有滿足人的各方面需求的產品才會受到市場的歡迎。企業管理者的產品思維，如果不在這個方面做出改變，就註定要被時代所淘汰！

第五章
擁抱「觸電」——電商時代的運作法則

電子商務是我們這個時代最流行的一種商業模式，網路技術的不斷發展，給了企業和消費者更多的選擇。對企業來說，產品展示和行銷變得更加方便；對消費者來說，足不出戶也沒有買不到的產品。電子商務不僅改變了企業的商業模式，更改變了消費者的消費方式，改變了消費者的生活方式。企業管理者應當在這些變化中，看到巨大的商機。

一、網路時代新的商業遊戲規則

隨著網路與資訊科技的迅速發展，尤其是在行動終端、行動網路的加速普及下，網路已經融入到了每個人的日常生活之中，再也沒人會否認 —— 如今，我們已經處於網路時代之下。而正如農業時代、工業時代有其特有的商業遊戲規則一樣，想要玩轉網路時代，同樣需要懂得網路時代新的商業遊戲規則。

在過去的三十年裡，各種商業模式的發展提供了契機，然而，在網路時代下，這些商業模式卻紛紛被劃為傳統而被顛覆。以服裝產業為例，僅二〇一四年第三季度，佐丹奴就關閉了七十四家零售店。反觀電商呢？二〇一四年電商平臺購物節的交易額就達到臺幣兩千五百多億，比去年增長百分之六十三。

各種市場數據表顯示，傳統實體經濟的市場占有率正在下滑，而電商平臺之所以能顛覆傳統實體零售商，離不開它對網路時代新的商業遊戲規則的領悟，也離不開它成熟的電商思維。

在網路時代，任何企業想要實現永續發展，就必須正視網路時代下新的商業遊戲規則，而非抱殘守缺，等著被電商所顛覆。而網路時代新的商業遊戲規則究竟是什麼呢？

我認為，在這個行動網路和社會化網路主導的新時代，企業必須遵循的應該是新的「4C 商業規則」——「共同創造（Co-creation）、產品核心（Commodity）、社群生存（Community）和組織網路（Connecting）」，簡單的說也就是以體驗設計為核心，與使用者共同創造新的商業模式；以免費且足夠好的產品為基礎，構築新的商業模式；以社群成就無須細分的定位、無須廣告的行銷，建立更廣泛的產業生態圈，在產業網路中贏得成功。

看起來似乎很複雜，但如果你懂得網路時代的電商思維，就能輕鬆領悟新的「4C 商業規則」。

(一) 客戶思維

在傳統的商業模式中，任何行銷思維其實都是從產品本身出發，而在網路時代，客戶則成為商業模式的核心。身為管理者，我們應當認知到，立足於強大的技術和工業力量之上，客戶對於產品的功能需求，已經能輕鬆滿足，客戶更為關注的其實是產品的體驗設計，當企業能真正洞察客戶需求，與客戶共同創造時，即使產品的功能沒那麼強大、不那麼完美，仍然能得到市場的認同。

而透過利用網路的便利性和互動性，企業則能較為快速的將客戶聚集在一起，並不斷與之互動。即使聚集起來的只是一個「小眾群體」也沒關係，要知道，某手機品牌論壇初創時，使用者只有區區數百人，系統的體驗者更是只有一百人。而正是透過不斷提高這些「小眾群體」的依賴性和信任度，讓客戶參與到產品的設計、定位、製作之中，手機品牌才能依靠它龐大的粉絲群，一步步實現其令人驚嘆的市場奇蹟。它的成功其實就是對 4C 商業規則以及客戶思維的最好詮釋。

（二）弱點思維

傳統企業在發展過程中，往往是透過不斷發現並滿足客戶的需求來搶占市場。這樣的過程通常伴隨著大量的市場調查、數據分析、產品體驗……而在網路時代，則有一個更加簡便的方法 —— 尋找客戶的弱點。

大多數企業對於自己的產品都有一個準確的市場定位，能明確自己的客戶群體。而弱點思維則是透過發現並分析客戶群體普遍擁有的人性弱點，最好是某些長期、普遍擁有的弱點，給予客戶簡單明瞭的解決方案。

某手機品牌是「為狂粉而生」，因此，能開發出性價比較高的手機，並不斷更新系統，以滿足「狂粉」追求的 CP 值以及「求新」的人性弱點；某網路公司在這方面則做得更為徹底，大多數人都喜歡免費、簡便，它就給客戶永久免費、最為簡便的產品，進而提高顧客忠誠度，占據市場。

(三) 平臺思維

網路時代的「終極成功」就是建立產業生態圈，進而在產業網路中成功。現在網路上充斥著各式各樣的平臺：電商平臺、電影平臺、交友平臺等。網路企業之所以熱衷於建立平臺，是因為一旦平臺成功，就能有獨立的生態圈，形成流量入口，更容易讓客戶產生忠誠度，並使得平臺中的企業和客戶數量實現等比級數的成長，而這樣的成長趨勢一旦形成，企業就無需再傾注太多的資源。無論是哪一種產業的企業管理者，都應當重視平臺化思維的運用，但要切記：「平臺有風險，自建需謹慎。」

網路時代下，舊的商業遊戲規則已經被新的「4C 商業規則」取代，網路企業之所以能成功，並不斷顛覆傳統，正是因為它們在電商思維下早已將新的商業遊戲規則摸透，而大多數傳統企業對於網路仍然是一知半解，無法抓住其精髓。

二、「觸電」路上的四大常見迷思

網路時代下，電商成為所有企業發展都無法避及的問題，即使在國家整體經濟成長放緩的大趨勢下，電子商務仍然表現出強勁的發展動力。實體經濟要發展，就要向網路進軍。

眾多管理者紛紛「觸電」，無疑是順應了時代發展潮流的，然而，很多管理者卻沮喪的發現，自己雖然投入了大量的人力、物力、財力，自己的電子商務卻無法拓展開來。關鍵原因並不在於資金不夠、人才不足、技術有限，而是管理者未能正確認知自身以及電子商務的發展規律，無法實現二者的妥善銜接。

某個知名的傳統企業，有令人眼紅的資金、管道、實體經濟作為支撐，在電商這片水潭中撲騰了好幾年的萬達電商，仍然無法做出較大的聲響來。相比之下，它頻換高階管理層卻成為了網路上的焦點話題。不久之前，該企業更放出豪言：「砸 50 億元做電商！」，也考慮引入最大的幾家電商入股……我們可以看到的是，該企業之於電商仍然在孤獨中迷茫。

究竟是什麼原因造成知名的傳統企業無法成功「觸電」？正是因為管理者陷人了「觸電」失誤。簡述如下：

(一) 誤會電子商務就是開網路商店

很多管理者對於「觸電」的理解很簡單，那就是開個網路商店，他們「觸電」的標準步驟是：架官網、開平臺旗艦店 —— 就這兩步！然而，「觸電」真的這麼簡單嗎？電子商務真的就只是開網路商店嗎？

在我看來，電子商務其實是利用網路技術和思維，改造傳統商業流通業，而開展網路零售只是其中很小的一個方面。一個企業是否真正「觸電」並不以有沒有自己的網路商店為標誌，而在於企業是否向網路時代新的商業遊戲規則轉型。

目前，企業電子商務已經能融入到整個企業的發展過程當中，無論是前端行銷還是後端管理；無論是人力資源流、物流還是資金流；無論是企業內部協調還是企業間的合作，都可以運用電子商務模式和網路思維，從根本上提高傳統商務模式的效率。管理者在「觸電」時，不要只是把眼光放在網路商店上，而應該從網路、大數據、雲端運算等新技術著手，這才是「觸電」的思路。

(二) 自建平臺，易出成績

不可否認，平臺一旦成功，能為企業帶來極大的「本益比」，透過營造出一個可持續發展的產業生態圈，平臺甚至可以稱為網路企業的「終極形態」。因此，很多管理者在「觸電」中奢望一步登天，直接以自建平臺著手，認為這樣容易快速做出成績。

然而，平臺卻有著極大的投資風險。電商平臺其實可以算作電子商務中的基礎設施，平臺要做的並不只是資訊的整合、檢索，也包括交易、支付、雲端運算、大數據、物流、金融等配套設施，這樣才能真正形成一個健康完整的商業生態圈。這需要有這樣的野心的管理者投入大量的資金、人力，並經過長時間的磨合、改造、更新，最後建立出一個能自我循環的平臺。

(三) 過分重視融資

企業發展離不開融資，管理者必須重視資金流的重要性。然而，即使網路精神被概括為「開放、平等、合作、分享」，也不意味著網路時代是一個能和平共處的時代。很多管理者在引入大量融資的同時，其實就失去了企業的獨立發展權利，甚至放棄了對一切的主導力，雖然這樣對於企業而言利弊尚在兩可，但對於管理者自身而言，無疑是得不償失的。

從另一個角度來說，很多管理者過分重視融資，實際上有自己的野心。管理者想要成為產業鏈的霸主是無可厚非的，然而，身為管理者，我們應當明白「人力有時而窮」，我們不可能把手伸到所處領域的每個角落。當我們帶著這樣的意圖追求融資的時候，不妨試著將業務外包，在不斷合作雙贏中，慢慢成長為產業鏈中的平臺企業。

(四) 一味追求「高大上」

對於傳統企業而言，成為「高大上」無疑能給管理者帶來極大的榮耀，但網路時代卻並非如此。電子商務的發展特點就是從邊緣到主流，往往是那些小企業能快速的發展。事實上，很多大型電商企業都是從小企業做起的。

身為管理者，無論我們在傳統領域做到多大，都要放低姿態，學會交流和互動，電子商務是真正能讓企業面向全世界消費者的，在這樣的市場環境下，管理者追求「高大上」，只會變成一個人的「孤芳自賞」。以較小的規模「觸電」，企業會更輕易在不斷嘗試中找到適合自己的電商模式，並在不斷創新中，讓整個企業完成電子商務轉型。

網路時代下，管理者的「觸電」是必然的，但電子商務能成為當今市場經濟的成長焦點，本身並沒有我們想像的那麼簡單。在「觸電」的過程中，管理者一定要避免踏入陷阱和失誤。

三、長尾效應帶來的市場機會

相信有很多管理者都和我一樣曾經將「二八定律」奉為「聖經」，這是由義大利經濟學家巴萊多於十九世紀末提出，巴萊多指出：「在任何一組東西中，最重要的只占其中一小部分，約百分之二十，其餘百分之八十的儘管是多數，卻是次要的。」然而，在網路時代，這個定律卻被徹底顛覆。

根據「二八定律」，我們總是樂於將大多數的資源用在較少的「重要客戶」身上，因為「企業百分之八十的利潤來自百分之二十的重要客戶。」確實，在「二八定律」的指引下，很多管理者都帶領著企業走向了成功，但這個定律真的適用於電子商務嗎？

網路時代實際上賦予了市場高度的聚合性，這個市場中蘊含著無數的差異化需求，也蘊含著數之不盡的機會和營利點。電子商務可以讓每一種產品或服務都能找到自己的客戶群，而在網路的聚合性下，這個客戶群並非一個小數字。這也就讓「二八定律」失去了生存的土壤，「二八定律」的盛行，其實是由於那百分之八十的客戶過於分散，企業對於他們投注過多的精力，實際上是得不償失的。

而在網路時代，即使是那些被認為只能帶來企業百分之二十利潤的百分之八十的客戶，透過整合也能產生巨大的市場效益，積少成多之下甚至會超過「重要客戶」所帶來的利潤。這就是電商的「長尾效應」，而「長尾效應」所構造出的長尾市場也被稱為「利基市場」。

菲利普・科特勒在《行銷管理》中給「利基」下了這樣的定義：「利基是更窄的確定某些群體是一個小市場，它的需求沒有被服務好，而且具備獲取利益的基礎。」簡單的說，我們平時會說很多話，但其實我們常用的詞彙並不多，如你、我、他、的、是、了等，這些常用詞彙就像是「頭部」，而那些不常用的詞彙則是一條「長長的尾巴」。

「二八定律」正是讓管理者將注意力放在「頭部」，而網路時代卻讓管理者可以以極低的成本關注到整合在一起的「長尾」，這就使得管理者能透過挖掘這部分被傳統企業所忽視的「藍海」，輕而易舉的獲得不輸於「頭部」的整體效益。

管理者在「觸電」的過程中，一定要注意思維的轉變，很多傳統商務模式的「致勝法寶」，其實是與電子商務格格不入的，一味墨守成規只會讓企業觸電，而非「觸電」。幾十年來，管理者當中有很多白手起家的創業者，他們勇於打拚、決策果斷，但到了網路時代，我們卻不難發現，身邊有很多身價幾十億的管理者，只是用網路看看新聞、打打牌，甚至連郵件收發他們都不會做。管理者想要成功「觸電」就必須正視網路，不斷學習、累積、創新，而不是將網路看做傳統商務模式的「第二戰場」。

而在「觸電」的過程中，管理者首先要放棄過去奉為圭臬的「二八定律」，轉而學習應用新時代的「長尾定律」。在網路時代，能成為產業龍頭的企業，無不對「長尾效應」運用得得心應手。

依靠在全球大量的廣告投入以及精準的產品定位，iPhone 在智慧型手機市場擁有極大的市占率，但蘋果公司卻並不是依靠 iPhone 本身營利。手機對於蘋果而言只是一個平臺，真正的營利點在應用程式商店 —— App Store。在這個商店中，蘋果讓眾多的軟體開發商為它開發應用程式，軟體開發商能獲得流量收入和付費收入的百分之七十，而剩下的百分之三十則收人蘋果囊中。這些軟體開發商通常被手機公司忽視，能從中獲得的收入配比也不多，但正是依靠對這個長尾市場的開發，蘋果公司每年可以從中獲利數十億美元，但成本投入微乎其微。

Google 則是一個最典型的「長尾」公司，它的成長歷程就是把廣告商和出版商的「長尾」商業化的過程。AdSense（相關廣告）在 Google 的營收中幾乎占據了半壁江山，AdSense 是 Google 推出的針對網站的一個網路廣告服務，這個服務透過程式分析網站內容，在網站中投放與其內容相關的廣告，以此提高廣告投放的精準性。而它所面向的客戶是數以百萬計的中小型網站和個人。對於傳統媒體、廣告商而言，這個群體的價值實在是不值一提，但 Google 正是透過將他們聚集起來，形成了極為可觀的經濟效益。

管理者總是習慣性的忽視客戶群體中的「尾巴」，但依靠網路和電子商務，我們卻能從這些「尾巴」中挖掘出驚人的利潤和價值。「長尾效應」的成功祕訣就是「小利潤大市場」，雖然賺的錢很少，但是我們能賺很多人的錢。

至於如何「賺很多人的錢」，其關鍵就在於挖掘過去被人忽視的潛在客戶市場。依靠電子商務，管理者能以極低的成本將這「百分之八十的『劣質』客戶」聚集在一起，為他們提供具有針對性的產品和服務，進而創造極大的利潤。

圖書出版業被認為是「小眾產品」產業，目前市場上流通的圖書達到三百萬種，但大多數圖書其實難以找到自己的目標讀者，只有極少數能成為暢銷書。而那些「長尾」中的圖書，本身印數和銷量就少，再加上出版、印刷、銷售、庫存的高成本，長期以來，無論是出版商還是書店，都將暢銷書作為自己的經營核心。

然而，如果這些出版商或書店能發展成數位出版社或網路書店，則能在「長尾書」中挖掘出廣闊的市場空間。在這個市場中，庫存和銷售成本幾乎為零。哪怕一次只能賣出一、兩本「小眾圖書」，但積少成多，利潤累計甚至會超過那些動輒幾百萬冊銷量的暢銷書。正如曾負責亞馬遜書籍部門的史蒂夫·凱塞爾（Steve Kessel）所說：「如果我有十萬種書，哪怕一次僅賣掉一本，十年後加起來它們的銷售就會超過最新出版的《哈利波特》。」

亞馬遜無疑是圖書產業中「長尾」成功的代表。舉個例子來說，有一個英國登山者在一九八八年出版了一本講述自己歷險故事的書籍——《觸及巔峰》（*Touching the Void*）。這本當初籍籍無名的書籍在出版十年後卻登上《紐約時報》的圖書暢銷榜，並被改編成電影紀錄片。

十年的時間，即使當初是一本暢銷書，也可能早已被人遺忘，但《觸及巔峰》是怎樣成功的呢？不知道是出於清倉還是怎樣的目的，亞馬遜將這本書列在了「同類新書」的選擇參考欄中，並附上了其他讀者的評價留言。這樣的書籍一開始自然不會贏得多少讀者購買，但由於擁有了面對讀者的機會，這本圖書在不斷的累積中，不僅成功了，也為亞馬遜帶來了一筆可觀的收益以及不菲的名聲。

依靠「長尾效應」，電商企業幾乎不需要面對庫存、店面租金等成本，只需要付出極少的網站維護費用，就能向各類消費者展示最多的產品或服務，在不斷累積中，以低成本創造高回報。

「長尾效應」之所以能在網路時代顛覆「二八定律」，是因為在網路這樣一個不受時空限制的平臺上，管理者能透過將產品進行細緻劃分，以一種「毫無約束」的產品展示方法，挖掘到產品所面對的大部分的潛在客戶。這對於傳統商務模式幾乎是不可想像的，受限於店鋪展示面積、租金成本，傳統企業只能將注意力放在那些「重點客戶」或「暢銷產品」上，而電子商務則為管理者帶來了無限的可能。

「長尾效應」是電商顛覆傳統商務模式的一大法寶，但管理者在運用「長尾效應」時，也要注意方法。「長尾效應」的理想狀態是：成本成為一個定值，不隨銷量的增加而增加，與此同時，銷量無限擴大！

四、微電商的精細化操作策略

在電子商務發展的如火如荼的今天，很多管理者都試圖入場分一杯羹。然而，環顧四周，卻發現幾電子商務大廠幾乎已經瓜分了大部分的市占率，管理者想要「虎口奪食」，難度實在不小。但電子商務的龐大市場卻給了管理者們「挖牆腳」的機會，那就是「微電商」。

在社交平臺發展蓬勃的今天，隨著行動網路時代的到來，消費者大量的零碎時間得以開發，無論是在公車站牌還是捷運上，甚至是在洗手間裡，消費者都會透過行動終端的社交平臺瀏覽大量資訊。而這就給了管理者「挖牆腳」的機會，那就是以「社交＋電商」的形式，擠入消費者的視野，透過這些社交平臺，讓消費者能看到自己的產品、服務，甚至只是品牌，這幾乎是一種無成本的行銷推廣方式。

這些社交平臺所擁有的高針對性以及傳播性，則能為企業帶來相當可觀的效益，而這就是「微電商」。它並不像傳統電商那樣依賴電商平臺，它依賴的是企業的客戶群體，透過直接與客戶溝通，進而實現對客戶的管理、教育以及對企業品牌的建設、推廣。社交平臺還能為企業帶來相當強的口碑效益，透過客戶轉發、原創評論等形式的二次傳播，企業可以吸引到更多的客戶。

在電子商務大廠掌控了大部分流量的市場環境下，微電商為企業帶來了無盡的商機。而如何把握住這一商機，這需要管理者能真正的理解微電商。

(一) 理解微電商內涵，從精細化做起

微電商實質上是一種精細化的電子商務模式，電子商務大廠畢竟不可能把觸角伸向所有的細分市場。這就意味著，在電子商務市場中仍然有很多大廠們照顧不到的「暗角」。當主流市場上的競爭對手空前強大時，管理者不妨變換思維，從針對精細化市場的微電商做起。

微電商包含著兩個層面的意思:一是對產品的市場細化，例如 3C 數位產品電商平臺只賣單眼相機，就能以更小的推廣覆蓋度和更集中的資源培育自己所針對的目標客戶；二是對附加服務的細化，電商大廠迫於自身體量的限制，必然無法兼顧各類客戶對於產品和服務的需求，這時，我們則可以提供一些客戶渴求的細化服務。

管理者必須要明白，微電商的特點就在於「產品少而精，服務很到位」。立足於社交平臺的微電商，也使得管理者在走微電商之路時，必須以行動終端為主要載體。

(二) 靈活運用社交平臺

微電商這個商機的出現離不開社交平臺的蓬勃發展。消費者的社交化需求，推動了社交平臺的發展，而反過來，利用社交平臺，我們則可以發現並創造消費者的消費需求，進而賣出我們的產品或服務。

而要讓消費者透過社交平臺認識，甚至喜歡自己，則需要迎合消費者的喜好。身為管理者，我們必須了解到，如今的主流消費族群是「七、八年級生」。當他們出現社交平臺上，大多都有這樣幾個特點：更注重口碑、更年輕化、有品味、對新鮮事物感興趣、喜歡並關注社會焦點，有時候，他們關注企業管理者甚至多於產品和服務。這時候可能就需要我們「親身上陣」了。

在運用各種社交平臺的同時，我們要切記：不要發「明顯廣告」。微電商就是利用社交平臺做廣告，不間斷發「明顯廣告」會引起消費者反感，偶爾釋出一些心靈雞湯、生活常識、焦點新聞，可以讓消費者更容易接受我們，我們可以把企業、品牌、產品或服務巧妙的暗含在這些資訊之中。

(三) 巧妙進行產品設計

目前微電商上的主要銷售產品通常是服裝、美妝以及家居等對個性化要求比較高的非標準品。之所以出現這樣的產品特點，正是因為這些產品能在較高程度上滿足消費者的個性化需求，而且這些產品的客單價也不太高，不需要消費者太多的決策時間，可能促成消費者衝動購買。

因此，管理者在進行產品組合設計時，最好能掌握住目標消費者的個性化需求，並以較低或相對實惠的價格行銷，甚至可以打出「限時折扣」的 hashtag（#），刺激消費者消費。

（四）掌握好經營節奏

微電商更多的是在行動終端上實現互動，而由於行動智慧終端的螢幕限制，消費者在選購時很難像在電腦上一樣詳細了解產品資訊，也難以在各個商家之間切換 —— 貨比三家。因此，消費者透過微電商購物更多的是基於對企業的信任。

這就需要管理者真正做到以消費者為中心，透過日常工作中的每一個細節，贏得消費者的信任，進而實現細水長流。在經營微電商時，管理者切忌追逐銷量的爆炸性成長，因為這個結果通常是服務無法跟進，導致辛苦打造的信任關係隨之破裂。

微電商就是一種「社交 + 電商」的電子商務模式，依靠的實際上是行動終端以及行動網路的蓬勃發展。管理者在進軍電子商務的過程中，一定要緊抓時代脈搏，後入者要找到電商的未來發展方向，而不是跟在先行者屁股後面走。

五、電商經營的三大要訣

電子商務的蓬勃發展，讓很多管理者趨之若鶩，有的人只是看了一些電子商務的書籍或參加了一些培訓班，就「一股腦的跳進來」。在他們看來，這些書籍、培訓班給予了他們成功的捷徑，然而，令人沮喪的是，電商其實也無捷徑可走。

電子商務，或者說網路給大家帶來了太多太多的奇蹟，當我們看到這些奇蹟時，不免產生這樣的僥倖心理：電子商務的領域是否存在什麼捷徑可走？是不是走了捷徑就能在龐大的電子商務市場分得一杯羹？

在電商產業中沒有祕笈，也沒有捷徑，在這個發展迅速的產業裡，無人可稱作「專家」。正是因為這個產業發展得實在是太快了，我們今天所總結的方法終歸都是前人的經驗，然而，在網路的飛速發展下，這些方法的有效期是多久？我們都不知道。

說到底，電子商務模式只是傳統商務模式向網路轉移，而伴隨著交易平臺、管道、形式等要素的轉變，電子商務也呈現出了與傳統商務模式截然不同的特點。正是這些差異，讓很多預測正確或運氣爆棚的人能在電子商務領域創造出各式各樣的奇蹟。

電子商務模式終究只是市場交易的一個變形，在這個市場中，管理者如果想要走捷徑，往往只會在那些似是而非的道路上越走越遠。對於任何一種商業模式都需要深入研究，我們才能掌握本質，進而依靠對市場的敏感度和果決的決策，趕上時代發展的潮流，創造屬於自己的奇蹟。

如果非要說電商之中有什麼捷徑的話，那就是「心態」。

(一) 用心

根據不同的分類方式，電子商務可以被開闢出太多的戰場，而無論是哪個戰場都可以挖掘到豐厚的利潤。管理者如果只是單純的跟著別人的經驗去做，那永遠都只能被別人牽著走，無法超越。

作為管理者，我們要多給自己一點獨立思考的時間，畢竟，真正的「殺手鐗」是沒有人會輕易教給別人的。而且，不同的品類、不同的產品或服務，適用的操作手法也不盡相同。無論是電子商務還是傳統商務模式，都沒有一套通用、速成、高效的操作手冊。

有一個小店家，它就是在電商平臺上販賣襪子的，但經過很長時間的思考、分析、調查，老闆最終把自己的產品定位在「防臭」上——「穿不臭」就是他的賣點。就是這樣一個小店，開業僅三個月後，到了平臺特價活動那天，成交了三百多單，每單接近臺幣三百元，也就是說，僅僅一天，他就實現了九萬多元的銷售額，這對於一個小店家而言，是了不起的成就，而且他的買家都很忠誠，回購率也很高——這就是用心的結果。

(二) 專注

做不好電商的管理者，多半是不專注的。他們通常「貪大求全」——什麼都想做，卻什麼都做不好。但是電子商務如果真要做的話，有太多東西可以做，我們做得來嗎？

當我們進軍電子商務時，在用心思考出自己的路之後，一定要專注其中，學會「做減法」。只有專注，我們才能看得清那些細節，只有看清那些細節，我們才能減掉無謂的消耗，以「小而美」的姿態去擁抱電子商務市場。

(三) 堅持

電子商務是一個相當廣闊的市場，這意味著，在這個市場當中，有太多的參與者，有太多的人影響自己。有些管理者往往就在這種影響中，盲目跟風，看著別人賺錢就去做。然而，賺錢的機會太多了，每次成功需要的資源、機會都所區別。

每年的平臺特價活動都會「搞死」一批賣家，為什麼？因為他們一味強調規模、銷量。打亂了自己原來的節奏，結果，要嘛是售後問題一籮筐，店鋪聲譽驟降；要嘛是留下一大堆庫存，積壓至死。管理者在做電商時，一定要堅持自己的節奏，不要輕易打亂節奏。

電子商務中蘊藏著太多的機會，也包含著太多的陷阱。「魔鬼藏在細節裡」，作為管理者，當我們進軍電子商務時，必須把每個細節都做好。不要看了幾本書，參加了幾次培訓班，就以為電子商務這塊大蛋糕離自己只有一步之遙 —— 這一步裡可能蘊含了千百個陷阱等著你跳進去。

電商沒有捷徑，有的只是前人的經驗，當我們看到這些經驗時，要深入的去思考其中的思維方式。畢竟，方法有時效性，而思維卻能跨越時空發揮作用。

第六章

粉絲經濟時代——從關注到商業價值的轉化

有人的地方就有市場，有粉絲的地方才是企業應該去的地方。網路讓人們的網路社交變得快速、便捷，消費者心中的溝通欲望也更加強烈。這些變化迫使企業不僅要生產好產品，更要傳遞好資訊，完成好溝通。如今，粉絲經濟越來越紅，粉絲給企業帶來的價值也越來越大。企業應當傾力培養屬於自己的粉絲，讓粉絲幫助企業塑造品牌、擴大影響力。

一、「情懷經濟」的商業潛力

網路總是發生著很多讓人不解的事情，例如值錢的產品或服務不賣錢、做免費，而不值錢的「情懷」卻可以賣錢，甚至遠遠高於產品、服務本身的價值。

對於「情懷」具有價值這一點，作為管理者，我們應當是認同的。無論是在建立企業文化、激勵員工，還是推廣品牌推廣中，「情懷」都發揮著十分重要的作用。然而，要是有人說「『情懷』能賣錢！」很多管理者卻感到不可思議。網路正是這樣一個孕育著各種不可思議的地方。

說到底，所謂「情懷」也只是粉絲經濟的一種手段。說「情懷」是很容易得到認同和追捧的？沒錯！道理很簡單——對現有產品感到不滿的消費者，大有人在，而真正動手去改良的人卻少之又少。因此，當消費者看到有人真的去做的時候，會對他產生敬佩以及高度的認同感。

而賈伯斯，則是一個真正將粉絲經濟玩轉到極致的人。蘋果的產品為什麼能得到那麼大的市場認同度？正是因為賈伯斯能在全球市場上擁有大批的粉絲。在賈伯斯去世的時候，即使是那些未曾用過一臺蘋果產品的人，也樂於對其表示悼念，而賈伯斯也成了粉絲眼中的「幫主」，甚至是「神」。

除此之外，蘋果憑藉「硬體 —— APP —— 終端」的生態鏈將消費者牢牢黏住，再加上優質的產品和設計，這些都使擁有蘋果的消費者有一種自豪感，而這種自豪感也促使蘋果產品得以用病毒式的口碑包圍市場。

粉絲經濟其實很好理解。在娛樂產業，那些影視歌星正是憑藉著大量的粉絲，從而透過電影票、收視率、演唱會、專輯等獲取收益。同樣的道理，管理者則可以依靠粉絲的力量為自己帶來效益。

有人對粉絲經濟的定義為：「粉絲經濟以情緒資本為核心，以粉絲社區為行銷手段增值情緒資本。粉絲經濟以消費者為主角，由消費者主導行銷手段，從消費者的情感出發，企業借力使力，達到為品牌與偶像增值情緒資本的目的。」

管理者如果能靈活運用粉絲經濟思維，無疑能相當省力的實現品牌推廣以及擴大收益，但粉絲經濟並沒有想像中那麼簡單。想要利用粉絲經濟「借力使力」，管理者一定要真正的理解粉絲經濟思維。

二、互動為本：滿足粉絲需求的核心

管理者要真正將粉絲經濟化為自己的商業力量，必不可少的一個前提就是 —— 擁有粉絲。如何將千千萬萬的消費者化為自己的粉絲呢？那就需要了解粉絲的需求是什麼，而互動則是粉絲的第一需求！

社群媒體的蓬勃發展，讓大眾傳播方式發生了天翻地覆的改變，也讓商業模式隨之改變 —— 企業的推廣、售後、客服幾乎都可以依靠社群媒體完成。在這樣一種新的網路環境下，粉絲則擁有了更為明顯的經濟價值。在社交平臺上，消費者喜歡你才會當你的粉絲，而當粉絲則意味著他們可能為你的產品或服務買單。

然而，「天下沒有免費的午餐」。要想從粉絲身上獲益，管理者要懂得培養粉絲，而培養粉絲的關鍵是互動。粉絲是一個較為特殊的群體，對於他們的標準其實很簡單，他們喜歡你就會追蹤你；不喜歡你則取消追蹤。追蹤意味著興趣和潛在的消費需求；取消追蹤意味著需求的轉移。粉絲經濟所需要的不再是單向的傳播，不是管理者或企業一個人在社交平臺上「自說自話」，而是依靠雙向的互動，提高消費者忠誠度。

粉絲經濟中的互動，實質上就是製造話題，透過不斷的製造話題，讓粉絲按讚、留言、分享，進而在已有的粉絲基礎上快速傳播。

(一) 參與熱門話題

與粉絲形成互動最快捷的方式，無疑是參與熱門話題。熱門話題是大多數消費者都在看的新聞焦點，管理者如果能讓企業或是自己參與到話題中，則能迅速吸引消費者追蹤自己。如果管理者或企業、產品等能成為熱門話題的源頭，效果更好，有時候管理者可以利用現成的話題人物製造話題。

(二) 追求普世價值

普世價值是不分領域、國家、民族、宗教，幾乎得到所有人認同的價值和理念。任何人生活於這個社會中，總會經歷這樣那樣的「不公平待遇」，在這種時候，如果有某個知名人士能為「弱勢群體」發聲，人們則會對其產生極大的認同感，從而對其所代言的產品或服務產生「愛屋及烏」的移情效果。

(三) 做好粉絲引導

粉絲經濟的最終目的在於實現收益，其中存在如何將粉絲引導為消費者的問題。這樣的引導當然不能過於明顯，社交平臺幾乎拒絕一切「明顯廣告」，釋出大量「明顯廣告」的唯一結果就是粉絲取消追蹤。因此，管理者在粉絲經濟中一定要找到巧妙引導粉絲成為消費者的方法。

(四) 注重態度和及時性

對於粉絲經濟而言，其中的「偶像」，也就是我們的管理者、企業或產品，不能再像以前那樣高高在上的端著架子，我們要學會放低身段。對待粉絲「要像對待大爺一樣伺候著、要像對待兒子一樣照顧著」，否則，惹著粉絲不開心了，那就是順手取消追蹤的事。

社交平臺是一個信息傳播極為迅速的平臺，這就意味著，管理者即使有一點點忽視，都可能錯失與粉絲加強互動的機會，而社交平臺同樣是管理者處理公關危機的良好場所，一旦危機發生，管理者可以釋出嚴肅、俏皮、可愛的公告進行處理，但一定要注重及時性。

互動是粉絲的第一需求，其中蘊含的是粉絲的各種心理需求，管理者在與粉絲互動時，一定要掌握住粉絲的心理需求，進而不斷的累積粉絲並留住粉絲，並最終將其引導成為自己的消費者。

三、忠誠度是知名度的基礎

在傳統的行銷方式中，想要推廣一個品牌很簡單，直接找個當紅明星作為代言人，去電視臺打廣告即可。只要有知名度，就會有銷量，對於很多管理者而言，有銷量就夠了，忠誠度只是錦上添花的事而已。

先有知名度，再有忠誠度，是管理者慣用的思維模式。那時候，雖然我們嘴上總是喊著「顧客第一」，但其實我們心裡都明白，企業大多數都是「管道為王」、「終端為王」的，管理者只需要打響知名度，以保證自己的產品能到達經銷商的手裡，企業的利潤就已經實現了，至於接下來的事情，則與自己無關。只有當企業發展到一定規模的時候，管理者才會試圖順便培養消費者忠誠度，進而提高市場競爭力，並保證企業其他產品能借勢推出。

而在粉絲經濟的時代，一切卻被顛覆了。

對品牌而言，知名度確實很重要，但與忠誠度相比卻相去甚遠。許多品牌的行銷思維是典型的先有忠誠度，再有知名度，這也是粉絲經濟思維的關鍵之一。

當我們拿到商品的第一眼，就會看到包裝上清楚的品牌設計、品牌標語，也是它培養使用者忠誠度的關鍵所在。

「先有忠誠度，再有知名度」，就是依靠粉絲經濟讓品牌和產品或服務，以極低的成本獲得最大化的正面傳播。在這樣的思維模式下，管理者必須真正的以消費者為中心，著力培養、維護並提高使用者的忠誠度。

那麼，在「先有忠誠度，再有知名度」的思維模式下，作為管理者，我們究竟應該如何去做呢？

（一）以使用者爲中心

在傳統行銷思維中，雖然我們也喊「以使用者為中心」的口號，但卻很少有人真正做到。想要讓粉絲經濟思維為自己服務，管理者則不能再只是空喊口號。粉絲經濟模式與傳統經濟模式的區別在哪呢？所謂的粉絲經濟就是「粉絲＋交易」，交易是商業的根本，而粉絲則是區別所在。

在過去那個依靠廣告打響知名度的時代，行銷更多的是「你說我聽」，而隨著行動網路的發展，消費者接受資訊的習慣已經改變，變成了「我想聽就聽、想看就看、不想聽不想看就封鎖」所以，粉絲經濟一定要真正做到以使用者為中心，讓使用者感到高興。

（二）讓粉絲忠誠，從了解開始

最低層級的粉絲是，他們追蹤了我們粉專或建立會員後，就常年見不到他們的身影，這些人是可以忽視的；

稍高一級的粉絲是，他們只是沒事過來看看，但不發文、不留言、不分享，這部分粉絲的價值是需要挖掘的；

再高一級的粉絲是腦粉，他們是對企業、品牌、管理者或產品的盲目崇拜者，我們可以輕易的將他們轉化為購買力，但需要注意的是，如果不加以引導的話，他們可能會在競爭對手的惡意詆毀中，敗壞我們的口碑；

最高一級的粉絲是死忠粉絲，他們能理解品牌的精神和價值觀，不僅願意重複購買企業的產品，也願意把體驗產品後的感受透過社群媒體分享，成為內容的創造者，進而影響其他的粉絲。

(三) 找到「最值錢的一個人」

在粉絲經濟中，我們必須找到「最值錢的一個人」，怎麼說呢？透過不斷吸引粉絲、創造粉絲，甚至收買粉絲的行為中，我們可能已經累積了相當數量的粉絲。但要將這些粉絲轉化為購買力，則需要找到最有傳播力的粉絲。

在一百個粉絲中，可能只有一個會創造與企業相關的內容；九個會分享和留言，而剩下來的九十個都在潛水。粉絲經濟的核心就在於，找到那一個創造內容的人，透過九個分享和留言的人，去影響那九十個潛水的人。

至於如何去找，則有很多的方法，例如在老客戶的數據中挖掘、從平臺上發現或做「原創內容抽獎」、「分享抽獎」活動等。

(四) 讓粉絲「死忠」，少不了參與

培養粉絲忠誠度的方法有很多，最直接最有效的方法則是讓粉絲參與進來。就像兩個人做朋友一樣，只有不斷接觸、互動，讓對方參與到自己的生活當中，對方才會感覺自己受到了重視，進而給予回饋。對待粉絲同樣如此，不斷與粉絲互動，並讓粉絲參與到產品的設計、研發中，是培養忠誠度的最好方法。

在做微電商的過程中，同樣可以運用這一方法，例如分享粉絲發表的產品體驗感受，一些涉及隱私的內容可以截圖處理後發表，讓粉絲感受到被重視，也能激勵別的粉絲進行體驗，並留言、回饋。

在網路時代，「砸錢投廣告」的思維模式已經不再適用，大量的廣告只會讓使用者反感，而「先有忠誠度，再有知名度」的粉絲經濟思維，則能幫助管理者以最低的成本獲取最高的知名度。

四、粉絲驅動產品的爆發力

當管理者或企業、品牌擁有了大量的忠誠粉絲之後，我們就能憑藉著粉絲，讓產品飛起來，即使產品、服務本身的價值「不值一提」。

(一) 抓準粉絲定位

作為管理者，當我們運用粉絲經濟思維時，就應該明白，我們不是為了獲得所有人的喜愛，而是要獲得粉絲的忠誠。那麼，問題就在於，我們的粉絲究竟是誰？這就需要我們透過充分的市場調研進行精準的定位。

(二) 透過粉絲進行推廣

我們的粉絲，尤其是高級別粉絲，是最熱衷於體驗我們的產品的人。但管理者的目光不能只局限於這部分人群，而是要透過這部分人撬動更多的人進行體驗，進而擴大利潤。

管理者在對於粉絲經濟的靈活運用中，是能創造出奇蹟的，即透過高級別粉絲的累積，依靠他們的影響力，我們的產品就能在粉絲的托舉下真正的飛起來。

五、粉絲經濟四步走：從吸粉到變現

「三流的企業做功能；二流的企業做品牌；一流的企業做靈魂」，所謂的靈魂到底是什麼呢？用比較新潮的話來說就是「人格魅力」，它既可以指管理者本身，也可以指企業塑造出來的形象，總而言之，它就是一個供粉絲崇拜的對象，而「人格魅力」要發揮作用離不開粉絲經濟思維。

(一) 找到自己的主戰場

要運用好粉絲經濟思維，就需要一個將粉絲聚集起來，並不斷獲取新粉絲的平臺。網路和社交平臺的蓬勃發展，讓我們能便捷的找到各種形式的網路聚集地，如論壇、社交平臺等。面對如此多的選擇，管理者必須要找到自己的主戰場。

其實，各類平臺都有獨特的優點：論壇可以作為粉絲聚集的「大本營」，在這裡，我們既可以釋出各種活動公告、推廣內容，也可以讓粉絲回饋意見、提問求助；透過建立 Line 群組，則可以讓粉絲聚在一起進行即時交流，相互促進感情，進而提升粉絲忠誠度；Line 作為時下最流行的通訊工具，自然需要重視，我們可以建立 Line@ 來提升客服品質，並隨時隨地與粉絲進行交流。

(二) 加強建立社會化的品牌內容

無論是在網路時代，還是在傳統經濟時代，作為管理者，我們都很重視建立品牌內容，希望以針對目標消費者的品牌內容打動消費者，如獨特、創新、高貴等。而在粉絲經濟思維下，管理者更應該加強建立社會化的品牌內容。

在行動網路時代，粉絲已從傳統的「被動接受者」變成掌握傳播主導權的「主動參與者」。面對這樣的變化，管理者在建立品牌內容時，不能再「想當然耳」的去做，而是要透過社群媒體，表現出社會化、年輕化的品牌形象，最重要的是要做到「接地氣、說人話」，讓粉絲感受到粉專的「人格魅力」，進而產生親近感。

(三) 熟練運用小工具累積粉絲

隨著社交平臺的日益發展，社交平臺上的各種小工具也層出不窮，管理者將社交平臺作為主戰場之後，切不可忽視熟練運作這些工具。思維發揮作用離不開工具的幫助，社交平臺上的各種功能都能有效推動管理者與粉絲互動，讓粉絲數飛起來。

(四) 將社會化資產變現

粉絲經濟的最終目的並不在於粉絲數量的成長，而是在於如何在累積大量的忠誠粉絲中，並將其引導為產品的購買力。對於管理者而言，粉絲就是一種「社會化資產」，而資產的作用正是產生收益。

為了讓粉絲這個社會化資產變現，管理者可以選擇一些合理的方式，刺激或引導粉絲，例如打造粉絲專屬產品，增強粉絲的被認同感，並推出預約、搶購等活動提升粉絲的參與感等，讓粉絲能心甘情願的為產品和服務掏腰包。

在可以預見的未來，中小企業間的競爭將不再局限於產品或行銷，而是生態體系的對抗。當追求個性化和彰顯自我的「七、八年級生」成為主要消費族群之後，如何研究使用者的心理，並對症下藥，成為管理者在市場競爭中取勝的關鍵。

粉絲經濟其實就是一種「讓千萬人參與、千萬人研發、千萬人設計、千萬人購買、千萬人傳播」的經濟模式，管理者必須重新定義企業、產品與消費者之間的溝通模式，進而形成以社交平臺為核心的粉絲經濟生態鏈。

六、口碑即力量：建立持續增長的品牌資產

相信很多管理者都已經聽說過口碑行銷，但在大多數人的心裡，口碑仍然只是一種行銷手段。而在網路造就的粉絲經濟時代，口碑已經真正成為了企業的生產力。

二〇一一年，某保養品牌成立，創辦人當年二十三歲。一家幾乎所有員工都是「八年級生」的企業，在短短的三年時間裡，不僅轉虧為盈，更是創下了過億的年營業收人。他們是怎麼做到的呢？口碑是關鍵！

該品牌創辦人是主修軟體工程的大學生，在校期間，他曾經在社交平臺上做過一次行銷實驗。當時，社交平臺上已經粉專林立，雖然錯過了崛起的黃金時期，但上面仍然充滿了行銷機會。創辦人就和同學們一起創辦了一個中介行銷平臺。僅僅是透過這一個行銷平臺，創辦人每個月也能從中獲得超過臺幣一千萬的營收。

那次實驗讓創辦人賺到了第一筆資金，也讓創辦人在幫助客戶推銷保養品的過程中，發現了保養品的龐大市場。在他看來，社交平臺的使用者大多都是白領階級，她們學歷較高，收入也較多，這些都滿足保養品的消費者定位。而中介行銷平臺的成功，也讓他堅信網路可以讓保養品生意走得更遠。

創辦人對於自己公司的認知並不局限於一家保養品公司，而是一家以網路思維營運和行銷的公司。而創辦人是怎麼理解網路思維的呢？那就是讓口碑成為第一生產力。

一家新興企業想要讓口碑說話並非易事。那麼，如何快速形成口碑呢？創辦人選擇了直接購買！

有了中介行銷平臺的成功經驗，保養品牌迅速在社群上累積了大量的粉絲，當然，這樣的效果也是以大量的投入為代價的。據創辦人說：「在創業的第一年，公司幾乎把所有營收都投入到了社群行銷中，用於拓展更多的用戶，甚至用之前做中介行銷平臺的營利來繼續投資。」

除了累積普通粉絲外，創辦人更是不惜血本的創造口碑——以臺幣兩百多萬元一則社交平臺貼文的價格邀請一線明星發文，並投入大量的酬賓獎品。在這樣的口碑創造模式下，保養品牌每個月的投資甚至達到了數千萬的級別。如今，保養品牌的粉專置頂貼文仍是一線明星的貼文，分享數超過 8 萬次；留言超過 4 萬則！

口碑的創造自然不能光靠明星說，這樣與過去的電視廣告其實並沒有太大區別，缺乏足夠的可信度。那怎麼讓普通消費者為產品帶來口碑呢？首先，得讓消費者使用產品，否則其評論同樣不可信。為了達到這個目的，創辦人在社交平臺上舉辦了大量的免費抽獎活動，某次活動，更是一口氣送出了十萬個保養品，與其他公司選擇贈送試用品不同，保養品牌送出的都是抗痘凝露的正貨，這個活動讓保養品牌的粉絲量在一天內增加了二十萬！而那些得到贈品的粉絲，自然也樂於在社交平臺上為品牌說好話，畢竟「吃人嘴軟，拿人手短」。

依靠明星口碑和使用者口碑，保養品品牌不僅在短期內獲得了大量的粉絲，更是吸引到了大量的潛在使用者。目前，保養品品牌粉專的粉絲量已經超過了三百五十萬，而由於巨大的口碑效應的影響，這些粉絲轉化為購買力的比例甚至達到了 8%～9%！這就意味著，三百五十萬粉絲中有近三十萬粉絲是該保養品牌產品的購買者。

而口碑的產生不僅源於這些宣傳活動，也離不開貼心的客戶服務。為了用完善的客服留住粉絲，並將其轉化為購買力。創辦人特別建立了一個獨立的客服帳號，扮演美容顧問的角色，這個帳號會在詳細了解了粉絲的年齡、體格、皮膚類型、長痘痘的時間、生活習慣等具體細節之後，給出針對性的建議和產品推薦。這當然為品牌贏得了粉絲的好感和信任，進一步增強了口碑效應，並為品牌累積了大量的使用者數據。

客服帳號的作用不僅於此，創辦人將客服帳號塑造成「有血有肉、會撒嬌」的年輕形象，並舉辦活動，與粉絲互動，進而讓客服帳號更具親和力。

說了這麼多，我們卻一直沒有提到該保養品牌本身的產品如何，那是因為在粉絲經濟思維下，產品本身已經沒有那麼重要，口碑才是生產力所在。

該保養品牌的產品是代工生產，當被問及「是否擔心配方洩漏」時，創辦人坦率的回答：「我不擔心配方外流，因為即便競爭對手偷了配方，在沒有品牌口碑的前提下，也無法以我們的價格出售。品牌辨識度決定了使用者對相近產品的選擇，而我們的口碑是對手無法複製的優勢所在。」

第七章

顛覆傳統——

無界限、無中心的管理新模式

進入網路時代，很多企業管理者發現，自己突然之間不會做管理了。傳統自上而下的金字塔式結構，在一夜之間就要轟然倒塌。人與人之間的關係因為網路的影響，變得更加自由和平等。傳統企業的管理中心逐漸消失，以專案和使用者為主導的中心正在形成，企業員工與主管的對話也更加方便……這些變化，都要求企業管理者要以新的管理思維來應對，否則企業的發展將受到巨大限制。

一、從線性到網路型的開放管理思維

長久以來，管理者追求的都是將企業做大，做大，再做大，立足於大量生產和大量消費，為企業帶來大量的利潤。也因此，「線性化」思維成為過去的主流管理思維，目前仍然有很多管理者受影響。而在網路時代，管理者則需要開放管理思維，由「線性化」轉型為「網路型」。

在傳統產業中，管理者們通常遵循的是「設計 —— 生產 —— 銷售」的三段論節奏，透過設立盡可能嚴密的目標和計畫，銜接「客戶需求獲取」與「客戶需求滿足」。從本質上來看，這實際上是一種「內部計劃經濟」模式，這種模式有兩個顯著的特點：一是企業需要一個「全知全能的計畫」來統籌全域性；二是關於客戶需求的獲取與滿足則總是停留在對於過去的數據的分析上。然而，當初的管理者似乎都不明白，這個世界上既沒有靜止不動的需求，也沒有真正完美的計畫。

無論如何，在二十世紀盛行的「線性化」管理，因責權清楚、相對穩定性較大、易於保持良好的紀律等特點，為那些真正有能力的管理者貢獻了非凡的力量。一九七七年，美國大企業的力量達到巔峰，美國「五百大企業」的銷售總額占到了美國全國生產總值的百分之六十二，到了一九八二年，日本十六大企業集團（包括六大財團）的銷售總額，也達到了日本全國生產總值的百分之六十二點六，其中六個財團更是平均擁有核心企業一百一十二家，平均一家公司擁有員工三千人以上！

而伴隨著企業不斷做大，這種一層一層逐級而下的「線性結構」也必然會隨之不斷拉長，當初效仿軍隊管理建立的「線性化」管理，雖然為管理者帶來了高度的掌控力，而如今卻成為了組織管理的阻礙，「政令」的上傳下達往往因為這條長「線」而失去及時性，甚至是準確性。

與此同時，隨著時間進入到了二十一世紀，社會的主流消費者不再是「藍領工人」，而變成了「知識工人」。由於物質財富的不斷累積以及教育程度提升，他們不再「整齊劃一」，而是開始追求個性化的消費和生活，管理者失去了對消費者需求的掌控，自然更加難以制定出「全知全能的計畫」。

大多數人其實都生活在一個生產過剩的社會中，而顯得有些「過度富裕」。也因此，商品的實用價值在消費者的消費需求中已經落居次位，個性化需求開始占據主導位置。隨著消費者需求的改變，消費市場也變得破碎而多變，沒有了「大市場」，大量生產、大量消費的時代也就隨之走向終結。

隨著網路時代的到來，「線性化」管理思維更是失去了生存空間，然而，令人不解的是，仍然有很多管理者堅持著

「線性化」管理思維。之所以如此，大概是仍有一些管理者希望以此成為自己「封閉的王國」中的「帝王」吧。

「線性化」思維的過時，從高科技企業的發展中可見一斑。按照「線性化」思維的邏輯，企業組織越大就越能掌控更多的資源，也就越有能力進行研究開發，那麼，新興的高科技產業應當也是大企業的囊中之物。然而，事實上我們都知道，在高科技產業中，呈現的卻是一種「百家爭鳴、百花齊放」的態勢。無數的小企業管理者抓住了市場契機，如戴爾、微軟、蘋果等企業，能在短短幾年內，就從零開始做到產業大廠，而無數過去的大企業卻隨時面臨著被顛覆的危機，有的甚至已經成為歷史。

比爾蓋茲是較早開始採用「網路型」管理思維的管理者，他創立的微軟之所以採用網路型組織結構，原因在於：一，微軟公司創立之初就只有比爾蓋茲以及十幾位電腦駭客，這樣的小團隊自然不可能形成線性化的組織機構，所有軟體都需要程式設計師們相互合作，共同完成；二，軟體產品並不像傳統產品，不可能被分解成一個個零件再組裝，而需要從一開始就保證各部分功能間的相容性，這就需要各個工作人員的工作同時進行。

經過多年的磨合，微軟內部也已經形成了一套完善的以網路和資訊科技為基礎的網路型管理結構。在新產品的開發過程中，微軟都會根據新軟體的每一個功能組成一個「特性小組」，小組成員人數根據程式的開發難度而定，同時，微軟還為每個小組配備一個人數相等的測試小組，以檢驗原始碼的正確性。程式設計工作開始後，每個程式設計師須將自己當天編寫的程式定時輸入中央主版本，並由電腦將所有程式設計師編寫的程式融合為新的程式碼。等到第二天開始工作時，程式設計師則需要先從中央主版本下載最新的原始碼，再在此基礎上編寫。這樣一來，微軟的幾千名程式設計師就可以實現同時工作，並即時了解其他小組的程式設計情況。而微軟為每個小組配備的專案經理，其職責也並非監督，而是協調各小組間的同步和相容，並克服編寫工作中最困難的部分。

在這樣的組織模式下，微軟的員工在內部有很強的流動性，編寫 PowerPoint 的程式設計師可以編寫 Word；專案經理可以做產品策劃；測試員可以轉職為程式設計師。在比爾蓋茲看來，這樣的流動有利於各部門之間進行知識和資訊交流，也有利於挖掘員工的潛能，而微軟的「網路型」組織結構也為這樣的人員流動提供了可能。比爾蓋茲也得以憑藉一個十幾人組成的小公司，迅速顛覆掉「線性化」的大企業，成為 IT 領域的龍頭。

那麼，傳統企業管理者又應該如何由「線性化」的管理思維，轉變為「網路型」呢？畢竟，傳統企業的業務流程與程式開發還是有所區別的。

不知道有沒有管理者曾經想過，將企業所有的功能部門都「外包」出去，自己則只需要帶領一個小規模的管理小組，直接管理企業內部，並協調各個外部機構？可能很多管理者認為這樣的想法很大膽，然而，這正是「網路型」管理思維的終極目標。

大量生產、大量消費的時代結束之後，彈性、專精的生產方式因為有對破碎而多變的市場的適應性，而迅速崛起。在這樣的市場特質下，小企業也因靈活、多變的管理模式而能迅速套用為「網路型」管理，而大企業則需要開始向整合大、中、小企業於一體的「網路型管理」轉型。

當管理者採用「網路型」管理思維後，我們要做的就只是透過企業內網和企業外網，建立一個技術和契約的網路關係。管理者在找到獨立、合適的廠商，如製造商、分銷商、技術開發商、公關企業、會計事務所等公司後，就可以與他們建立長期的合作關係，讓他們負責其「專精」的生產或經營功能。而當管理者將組織的大部分功能都進行外包後，我們就只需要組成一個精幹的管理團隊，直接管理公司內部活動，並協調和控制外部合作廠商的關係了。

「網路型」管理的優點也十分明顯：一是組織機構的精簡，能極大的降低企業管理成本，並提高管理效率；二是在這個管理思維下，管理者甚至能整合全世界範圍內的供應量與銷售環節；三是管理層次的簡化使管理者能實現充分授權式的管理。

在此基礎之上，企業還能具有更大的靈活性和柔性，管理者無需再受到企業部門的桎梏，而是能真正地結合市場需求，整合各項資源，並隨時增減或調整「網路」中的各個價值鏈。與此同時，由於大多數活動都已實現外包，管理者甚至可以依靠電子商務手段，協調或控制各外部廠商，這使得企業的組織結構在進一步的扁平化的同時，也有更高的運作效率。

網路思維的運用，推動了「網路型」管理思維的發展，網路與資訊科技的發展也為管理者真正實現組織扁平化管理提供了可能。當「線性化」管理思維不再適應企業發展時，管理者就應該打破「線性化」思維，轉而打造出圍繞客戶形成輻射狀的「網路型」組織形態，以「無組織」的開放性平臺承接來自消費者以及市場各方參與者的新需求、新創意，使企業能在每個環節，都有成為創新發起者的可能，並讓每個組織外的力量都能為組織的發展做貢獻。

二、人人皆中心的組織結構

在傳統的組織結構中，管理者大多採用的是「管理者——中層管理者——基層員工」正金字塔組織模式，在指令由上而下的層層傳遞中，開展組織的各項活動。但隨著時代的改變，對於這樣「以我為尊」的組織結構，管理者們只能緬懷了，因為在新時代，管理者還要作為組織的必然核心，那就只能成為「孤家寡人」了。管理者必須要意識到的一個新思維是：人人都可以是組織中心！

在傳統的正三角組織模式中，組織核心正是作為「金字塔尖」的管理者們，中下層員工只是為了完成最高層的指令而工作。而由於組織的最高層手中握著巨大的權力，這也就形成了一種畸形的組織生態心理：關注上級，一切以主管為核心。也正是因此，即使我們總是喊著「以消費者為中心」的口號，中下層員工仍然置若罔聞。畢竟，對於他們而言，「衣食父母」可不是消費者，而是管理者們。

而在這個消費者開始主導市場的時代，面對消費者的各種個性化需求，我們已經不能再只是喊喊口號了。這時，傳統的正金字塔組織模式卻成為了阻礙，由於管理者掌握著「生殺大權」，市場資訊與決策層相分離，基層員工雖然能掌握到最準確、最及時的市場資訊，但由於缺乏決策權，只能透過自下而上的訊息回饋，讓管理者接受到市場資訊，等到管理者做完決策之後，再自上而下的傳遞決策。這樣的組織模式無疑大大耗費了組織決策的時間，同時，市場資訊和決策資訊在長距離傳遞過程中，也必然失真。除此之外，由於組織結構中，各流程環節獨立，這不僅無法讓資訊順暢的橫向流動，甚至會造成責權模糊，最終增加企業的協調成本，進一步降低了公司對市場需求的反應速度。

那麼，究竟要如何實現「以消費者為中心」，讓人人都可以成為組織中心呢？其實很簡單，那就是把「金字塔」倒過來。

倒金字塔組織模式最早由瑞典北歐航空公司前 CEO 揚·卡爾松 (Jan Carlzon) 提出。一九七〇年代末，石油危機的爆發，使全世界的航空業都陷入寒冬，北歐航空公司同樣如此，在連年虧損兩千萬美元以上的情況下，公司其實已經瀕臨倒閉了。這個時候，年輕的卡爾松「臨危受命」，出任北歐航空 CEO，並採取了新的管理方法，僅僅過了一年，就讓北歐航空轉虧為盈，實現了高達五千四百萬美元的營利。這個新管理方法就是倒金字塔組織模式。

在卡爾松看來，人人都想被需要；人人都希望被看作個體來對待。給予一些人承擔責任的自由，可以釋放出隱藏在他們體內的能量。任何不了解情況的人是不能承擔責任的，反之，任何了解情況的人是不能規避責任的。

當倒金字塔組織模式將所有中低層員工都變得能互相配合的時候，「人人都可以是組織中心」的目標就已經完成一大半了。而還有一個難點，就是原來的管理層（中層管理者），即使管理者本身能接受這樣的位置轉變，管理層能否接受呢？即使他們也接受了，能不能為這一目標而盡責呢？

因此，管理者還需要為中層管理者設定這樣幾個考核問題，以真正實現「無中心」管理。

第一，能不能動員自己？管理者能否改變觀念，接受從一個指揮者轉變為資源提供者？

第二，能不能做出模板？在新的組織模式下，如果要讓管理者做出顛覆可能有些困難，但做出某種形式化的模板則是管理者的「分內之事」。

第三，能不能影響全員？能不能真正的將這一新的組織模式打造為一種文化，讓每個員工都融人進來？

當管理者完成了這種從基層員工到管理者的全員轉變之後，企業也就真正地成為了「以消費者為中心」的組織結構。身為組織高層，當我們處於倒金字塔的底層時，我們只需要做好資源統籌工作，為員工提供補給即可，至於其他工作，身為組織中心的他們，知道自己該怎麼做。

三、數據驅動下的決策新邏輯

管理者們一直在說著「科學決策」，但說實話，對於大多數管理者而言，科學決策仍然是一個可望而不可即的美好願景，除非我們懂得如何站在數據的基石上進行決策。

在管理者的傳統思維中，每當說到決策，都離不開這麼幾個詞：「綜合」、「整體」、「直覺」。也正是這些只可意會不可言傳的詞彙，使得管理者的決策過程成為了一個看不清、說不明的「黑匣子」。這就導致一件極為尷尬的事情：當我們學習新的商業思維時，總是要從美國、日本等先進國家去取經，這並不都是因為他們的企業的發展程度較高，很多時候其實是因為，他們的管理決策是可以衡量、傳遞和複製的。

而網路思維則為我們帶來了科學決策的「法寶」—— 數據。在網路時代，或者說大數據時代中，數據無孔不入。無論我們遇到的問題看起來多麼不可量化，如消費者滿意度、投資風險、品牌價值、組織靈活性等，在新時代下都有量化的方法。更有經濟學者宣稱「一切皆可量化」。

稍微對網路產業有所了解的管理者都知道，在網路產業中，即使是最微小的程式或操作介面的變更，都需要流量、點選數、滿意度、好評度等「看得清、摸得著」的數據的支撐。在對網路模式的應用下，很多組織行為都可以在系統中留下數據的痕跡，而管理者透過將這些數據分門別類，則可有效分析和利用，將之作為科學決策的一個重要的引用數據。

「大數據時代，誰掌握了數據，誰就能掌握成功。」當管理者意識到這一點之後，實現科學決策就只差了兩步。

第一步，盡可能獲取最多的數據。管理者想要用數據進行科學決策的前提就是擁有數據。其實，在企業多年的發展經營中，企業已經累積了很多的數據，然而，由於管理者的不重視，對於這些數據的收集和處理都有所缺陷。因此，管理者首先要重視收集、儲存和整理內部數據，保證數據的完整和真實。

而僅靠企業內部數據決策，仍然只是「一家之言」，這就需要管理者到企業外部去尋找數據，包括各種數據平臺以及合作企業。只有在盡可能獲取最多的數據之後，管理者才能分析、處理。

第二步，提高數據處理技術。當我們收集到大量的數據之後，是不可能依靠人力處理。要妥善處理數據，管理者必須重視提高企業數據處理硬體和軟體技術，以有效區別數據，並重組和分析，讓龐雜的各種數據變得更加直觀。在逐步提高數據處理技術的過程中，管理者更應該發展企業數據系統，讓數據能真正的融人到組織執行的每一個角落。

合理利用數據確實可以讓管理者的決策更有理有據，但如何發揮作用，還有幾點需要注意。

(一) 運用「無組織、無中心」思維，讓員工參與進來

很多管理者喜歡對於下屬的工作指手畫腳，尤其是決策環節，更是將之看做是自己的「禁臠」。但在數據決策當中，管理者不可避免的需要讓組織的各個團隊，尤其是數據團隊參與進來，否則，管理者甚至可能都看不懂那些專業的數據，又怎麼能憑此做出決策呢？

而對於「網路型」組織結構的企業而言，數據決策則會變得更為簡單。管理者只需要直接將數據處理外包給專門的技術公司即可，就可以拿到完善的數據模型進行決策。只有讓員工參與到決策過程當中，管理者才能避免主觀決策。

(二) 建構數據文化，但不迷信數據

要讓數據發揮作用，一方面管理者需要在組織內部建構數據文化，讓數據部門與其他業務部門相融合。對於新生的數據部門，很多部門都會對它(們)缺乏尊重，有時候當數據部門辛苦的做出模型或分析後，得到的卻是管理部門和業務部門的不屑一顧，他們不能理解數據部門是在做什麼，覺

得那些數字「亂七八糟的沒用」。這就失去了對數據基本的尊重，數據自然也無法發揮作用。

另一方面，管理者也要讓數據團隊深入到業務中去，讓他們理解簡單的數據背後所蘊含的複雜的業務邏輯。只有這樣，他們才能認知到業務部門的痛點、了解到他們的真實需求，進而有針對性的運用數據做出相關決策，而不是辛辛苦苦做出來，卻完全不在點上。

另外，管理者必須要明白的是，數據本身是不會告訴我們全部真相的，數據決策要求我們了解數據、尊重數據，但我們不能產生迷信心理。在我們不斷提高對於數據的運用能力的同時，也要加強其他市場調查的手段，有時候，直接走到消費者中間去則更為直接。

（三）數據是工具而不是特權，不要讓數據變成「孤島」

隨著數據的重要性得到越來越多管理者的認同，資訊安全也被擺在了相當重要的層面。然而，很多管理者卻憑藉著「資訊安全」的名義做著數據監管的事，將數據作為組織內部的特權。

舉例來說，有的管理者不讓基層員工直接參與到數據開發中去，而是讓員工提出需求，然後自己再讓數據團隊去開發、分析。等到數據團隊完成工作，時間已經過了一個星期，這時候，這些數據還會有用嗎？

數據確實需要安全的管理，但卻不能因為這樣的理由，就在員工與數據之間建造「隔離牆」。基層員工是最貼近消費者的人，給他們過時的資訊意義不大，他們更需要的是及時性的數據處理。有的管理者卻因為資訊安全、數據隱私，就將數據打造為一個「孤島」，使得各個部門之間的資訊無法流通，他們就難以在這些資訊的基礎上合作，數據也就無法發揮作用。

網路時代為由資訊決定的策略決策提供了技術支援，管理者早就該放棄依靠「直覺」做決策的做法，但管理者需要注意的是，數據決策需要相應的硬體和軟體技術，越細緻的處理，自然能產生越好的效果，但也需要投入更多的成本。因此，管理者還需要權衡成本與數據分析的細緻程度。

四、客戶與員工同為上帝的管理哲學

如果說「客戶是上帝」，相信沒有管理者會表示異議，但要是說「員工也是上帝」呢？可能很多管理者就會有點猶豫了。然而，作為組織中相當重要的一個環節，身為管理者的「手、腳，甚至是腦」的員工，為什麼就不能是管理者的「上帝」呢？

有的企業流傳著「以人為本」的理念，這裡的「人」指的正是員工，但這句話一直都只是停留在理念的層面上，管理者們很少能真正意識到員工的重要性，更沒有多少管理者採取措施、建構機制，將它落實。大多數管理者在進行組織管理時，仍然是遵循著以客戶與業務為導向的原則，而員工則只是被當作滿足這一導向而存在的資源和成本。在管理者心中的那天秤上，員工與客戶之間很難實現平衡。

在網路時代下，每個人都真正成了一個獨立的個體，每個員工也都在面對確定的客戶中，產生了明確的價值。如果員工不去實現自己的價值，客戶也很難為管理者帶來價值。因此，在新的時代環境下，管理者必須要意識到：客戶是上帝，員工也是上帝。

客戶是「上帝」是很好理解的，商業說到底是要實現銷售，而客戶則是我們銷售的對象。身為我們的「衣食父母」，只有在客戶成為我們的消費者的時候，我們才有錢可賺，所以管理者自然需要千方百計的去了解消費者的需求、挖掘他們的痛點，並以最快的速度滿足他們的需求，同時為消費者營造良好的消費體驗，以促成他們的消費行為。「客戶是上帝」很多管理者是這麼認為的，也是這麼做的。

員工也是「上帝」很多管理者就不太理解了。我們知道，組織執行得好壞，相當程度上是取決於員工的工作態度和工作能力，可以說，員工才是企業真正的「主人」，這是主管們必須要認知到，並努力實現的。即使管理者不能認同，也應當努力讓員工感受到自己的「主角」身分，只有我們尊重員工，員工才會以極大的工作熱情充分發揮自己的工作能力，從而為「自己的企業」帶來收益。

怎樣做才算是將員工看做「上帝」呢？不是簡單的請吃生日蛋糕、舉辦員工旅遊或辦尾牙、發福利，而是要真正做到「以人為本」。為企業創造產值、創造財富的畢竟是人，而不是機器設備。歸根究柢，一切的商業行為都是人的商業行為，人沒有活力，企業自然也失去了活力和競爭力，而這裡的「人」除了指客戶之外，也包含了員工。

很多管理者認為員工只是自己的僱傭，「我出錢，你做事」是天經地義的事，「我不讓員工把我看成上帝就算是好事了，怎麼還要我把員工當做上帝呢？」然而，員工畢竟不是機器，不可能說管理者給了錢，他們就卯足全力的去運轉。尤其是當年輕人進入職場時，錢往往不是最重要的，工作不開心，他們隨時會「炒掉老闆」。當員工無法穩定、不主動發揮自己的創造性、不能凝聚在一起的時候，管理者又何以保證企業的持續發展？

雖然在各種物質的刺激下，大多數員工都會給予企業相應的回饋，但管理者不能就因為這樣而把員工當作「乳牛」，而應該將員工看作一個「人」，甚至是「上帝」。也只有這樣，員工才能愉快的接受工作，並以極大的創造性去完成任務。要達到這樣的效果，其實只需要兩步。

（一）讓我們的員工快樂起來

試問，跟自己的朋友一起工作，與跟父親一起工作，二者之間哪個更有趣呢？管理者首先要與員工成為朋友，給員工一個愉快的工作環境，這樣才能激發他們工作的熱情。

因此，管理者們快收起自己的「撲克臉」吧！有時候，僅僅是一個微笑，都可以讓員工感到快樂。美國亨氏公司在全世界有廣泛的影響力，它的管理者是怎麼做的呢？亨利·約翰·亨氏（Henry John Heinz）平時就很注重營造融洽的工作氛圍，有一次，亨利外出旅行，但沒多久就回來了，為什麼呢？亨利面對員工的追問，略帶失望的說道：「你們不在，我感覺沒什麼意思！」接著，他讓幾個員工在工廠中央擺放了一個大玻璃箱，在玻璃箱裡，竟然有一隻巨大的短吻鱷！當時，短吻鱷可不是容易見到的生物，在員工們的驚呼聲中，亨利解釋道：「我的旅行雖然短暫，但這是我最難忘的記憶！我把牠買回來，是希望你們能與我共享快樂！」

(二) 像尊重客戶一樣，尊重我們的員工

客戶是我們的產品和服務的購買者，但如果因為這樣，管理者就希望以「客戶永遠是對的」的想法去損害員工，以討好客戶，那可能就有些得不償失了。正如西南航空公司前CEO 賀伯．凱勒 (Herbert Kelleher) 所說：「如果認為『客戶永遠是對的』，那就是管理者對員工最嚴重的背叛。事實上，客戶經常是錯的，我們不歡迎這種客戶。我們寧可寫信奉勸這種客戶改搭乘其他航空公司的班機，也不要他們侮辱我們的員工！」

誠然，沒有客戶的存在，也就沒有企業的存在。但換個角度來想，身為客戶的直接接觸者，員工才是管理者向客戶傳遞價值的關鍵。如果員工不能感到滿意，無法得到尊重，那麼，客戶也難以感到滿意、得到尊重。如果管理者不能為員工提供一流的產品、完美的服務，又怎麼能奢望員工給予客戶一流的產品、完美的服務呢？事實上，對於管理者

而言，員工同樣是客戶，是企業的文化、產品和服務的消費者。

企業是由全體員工共同經營的，如果管理者不能將員工看作是與自己同舟共濟的「夥伴」、為自己創造利益的「上帝」，員工就不會產生「這是我們的企業」的認知，企業也就無法走向共同創造的繁榮和幸福。

五、無邊界合作管理的實現路徑

當管理者建立起「無組織、無中心」的管理體系，並運用數據決定的決策模式後，就可以憑藉員工高漲的工作熱情和工作效率，針對消費者的需求採取協同管理模式，讓企業的邊界變為無邊界。

在一些規模較大的企業中，管理者通常會遇到「部門牆」的問題：當某一事項需要很多部門合作完成時，結果往往是協助部門能推就推，主導部門焦頭爛額。因此，管理者總是會想著如何讓部門分工更明確，然而，越是業務複雜、客戶多元的組織，其對部門間合作能力的要求也就越高，管理者也就更加難以將部門邊界分得清楚明白，組織管理的效率也會越分越低。

除此之外，在傳統的職能管理中，管理者往往採用橫向的模組切分方式，這樣確實可以讓組織的職能劃分更清晰，但也導致「官僚主義」、「部門牆」等問題，使組織執行效率陷入桎梏。

在網路的組織思維下，每個工作流都應該直接指向客戶，也就是說，組織內部不再產生部門邊界，根據客戶需求，管理者應當直接將組織的所有活動和任務打造成一個工作流程。在這樣的工作流程中，一旦哪個部門或環節出了問題，組織內部就會立刻發現，管理者則可以據此進行明確的問責。而在這樣的組織思維下，管理者也得以協同管理組織的各單位，並推動個別職能部門轉型。

舉例來說，管理者在推動各職能部門為業務部門服務的過程中，可以制定對職能部門進行「專案制反向考核」的措施。具體而言就是，當業務部門發起一個專案之後，就可以根據專案所需的各個功能，邀請相對應的各個職能部門參與進來。等到年終的時候，由業務部門根據當年各職能部門參與的專案數量、任務難度等，對各職能部門的業績評分，這不僅能激發各職能部門提升合作效率，同時，也會讓那些無法滿足業務部門需求的職能部門逐漸被邊緣化、外包化，最後從組織內部消失，而「官僚主義」與「部門牆」之類的問題自然也會隨之消失，企業的邊界也會自此變得無邊界。

這正是協同管理的威力所在，所謂的協同管理就是把各區域性力量進行合理的排列、組合，以完成某項工作或專案。本質上，就是調動組織內部所有相關單位，為同一個目標共同作戰。管理者要實現協同管理，就要了解三大概念。

(一) 資訊的網狀概念

組織內部的各種資訊其實都是有關聯的，例如費用報帳，費用是什麼時間花的、花在哪個專案上了、專案最終業績如何等，都是與報帳單相關的資訊，如果管理者把這些相關的資訊分別放在財務部、業務部的數據庫裡，資訊就會像處於「孤島」中，管理者最終拿到手的，也就只是一張簡單的報帳單，無法根據這份報帳單的數據做出決策。

而協同管理則能將這些分開、不規則的資訊整合到一起，組成一張完善的資訊網／無論是在這張資訊網的哪個節點，管理者都可以「順藤摸瓜」，找到自己想要的資訊，如費用花費的時間、地點、金額，以及費用所對應的專案的進展、預算、最終業績等資訊。管理者只有在對於各種真實的資訊有了全面的掌握之後，才能做出科學的決策，而協同管理中資訊網狀概念的應用，則提供了這種可能。

（二）業務關聯概念

很多人將企業比作一臺不停運轉著的機密機器，而企業的各個業務環節則是這臺機器上的各個部件，員工則是各個部件中的零件。因此，管理者往往習慣將整併各個業務環節，讓某個部門或員工對其負責。然而，事實上，所有的業務環節之間都有著千絲萬縷的關係，與其說企業像一臺機器，不如說企業是一個電腦程式，只有當程式的各個部分能相容、協調時，才能最終運轉，進而實現最初設定的目標。

以舉辦客戶見面會來說，看似簡單，但它卻涉及多個職能部門：客戶名單需要業務部門提供；市場宣傳數據和方案需要行銷部門策劃；相關物資的領用和採購需要行政部門完成；各種發票和費用需要財務部門處理……那麼，這項活動該由誰來負責呢？無論哪個部門負責，最終都不可避免的會出現其他部門的不配合或消極配合。

在傳統組織管理中，管理者對於每一項業務活動，往往都關注其中的某個或某些業務環節，而這些業務環節卻沒有許可權對於其他環節進行統籌管理，管理者就不得不充當協調者的角色，往往最終變成了自己親自處理。而協同管理的業務關聯概念，則是讓管理者對充分整合各個業務環節，讓它們在一個平臺上相容。這樣，任何一個業務環節在採取活動時，都可以迅速呼叫其他業務環節的資源，進而實現業務與業務之間的連結，將企業真正打造為一個能順暢執行的軟體程式。

(三)「隨機應變」能力

企業內部的資源大體可以分為人、財、物、資訊和流程等幾個要素，每項業務的展開都不可避免的需要使用到這些資源。在傳統的組織管理模式中，這些資源卻分屬於不同的職能部門管理，這就大幅的降低了資源支援的效率。

在協同管理模式下，管理者則可以將這些資源整合在一個統一的平臺上，並透過網狀資訊和關聯業務將這些資源緊密連結在一起。但僅僅是這樣還不夠，管理者還需要進一步優化對這些資源的協調利用，這就需要「隨機應變」的能力。

當管理者或部門發起某個專案時，如果對於哪些資源有需求，都可以透過這個平臺呼叫。當任務發起之後，發起者可以迅速呼叫各部門、地域，甚至是其他企業的人才，以及外聘的專家和相關客戶等，凡是任務需要的人力資源，都將其整合到一個虛擬的團隊當中。在這個團隊中，專案資訊是共享的，每個人都可以根據自己被分配到的人物，呼叫相關的資源，而一切活動都需要在發起者或專案經理的監督下進行。在這樣的合作模式下，所有資源都可以突破各種障礙迅速整合到一起，為某個目標，各司其職，在通暢的溝通和協調中，確保快速達成目標。

協同管理的本質，其實就是打破各種資源之間的邊界，讓它們為一個共同的目標合作，透過對各種資源最大的開發、利用和增值，使目標得以快速實現，也使得企業可以無邊界。

第八章
去中心化的用人之道——發揮人才最大價值

在傳統金字塔式管理結構中，企業往往會有很多的中層管理者，並且每個員工要做什麼樣的工作，必須接受企業主管的安排，人本身的價值得不到充分發揮。如今，企業的組織結構發生了巨大改變，企業的管理模式發生了巨大改變，企業的用人思維也要相應變化。用什麼樣的人、如何用人、如何建立適合人才發展的用人模式等，都需要企業管理者不斷探索。

一、曹操與諸葛亮的管理啟示

俗話說：「有人的地方就有管理。」管理，這是人類社會中永恆的話題。對於經濟社會中的企業和組織來說，管理更是重中之重。如何才能管好人、如何才能用對人，這是每一個企業管理者渴求的目標。當社會進人網路時代，整個社會固有的組織架構發生了變化，組織形式也被網路慢慢改變。這種變化引發的結局就是，企業的管理和用人必須要以新思維來面對。在上一章，我們講到了企業管理的新思維，那麼與管理新思維相呼應的用人該以什麼樣的新思維來面對呢？

《三國演義》是很多人都愛讀的一本小說，在《三國演義》中，曹操和諸葛亮的形象流傳百世，深入人心。曹操和諸葛亮身為有名的管理者，其用人方式和思維非常值得後世的企業管理者學習。不過，曹操和諸葛亮在用人方面的風格是截然不同的：曹操喜歡廣納賢才，善於接受別人的建議，對人才愛不釋手，如果遇到稀有人才，他會千方百計拉攏到自己身邊。而諸葛亮就不一樣了，他確實也善於用人，善於將合適的人安排在合適的位置上，但是諸葛亮因為自己的才華和謀略極高，在用人的過程中往往是獨斷專行的，所有下屬都必須在他的精心布局下行動，絕對不可以擅自行動，另外，諸葛亮善於布局，往往會導致他派到某個職位上的人根本不知道自己要做什麼，需要靜候諸葛亮的指令。

曹操和諸葛亮兩種截然不同的用人方式，對後世的管理領域有著很深遠的影響。這兩種用人策略並無優劣，只是在不同的時代，兩種用人策略各有自己的特色。如果讓今天的企業管理者來選，你會願意成為曹操一樣的管理者，還是願意成為諸葛亮一樣的管理者呢？

在做出選擇之前，我們先來分析我們這個時代發生的變化。網路的發展，讓我們所處的時代結構發生了巨大的變化。個人再也不像過去那樣，擁有固定的社會位置、甘於眼前的處境、壓抑自己的才華……網路讓人類的資訊傳遞變得更加方便，如果一個人是金子，他再也不需要等待若干年，才被人發現。只要一個人有才華，需要他的人立刻就會在網路中找到他。

網路給了企業機會，也給了人才機會。如果一家企業不善於用人，那些有抱負而不得志的人就會離開企業，去尋求更多的發展機會。這一點，其實在三國時期也表現得淋漓盡致。曹操廣納天下賢才，他會利用每一個可能的機會去挖掘賢才，雖然那時候沒有網路，但曹操善於發現每一個人才，並提供有才能的人發展的機會，值得每一個現代的企業管理者學習。

從人才自身角度來看，隨著社會不斷完善，個體關於「人」

的意識開始覺醒。不管是管理者還是企業員工，都追求自我才華的發掘和展示。以往那種員工必須服服貼貼聽從主管命令的局面被改變了，員工更願意表達自我的意願、更願意發揮自己的才能，以獲得自我成長。企業管理者要用人，就必須尊重這種改變，不要再把下屬當作螺絲釘、不要再以靜止的眼光來看待下屬與人才。

在這一點上，我們對比曹操和諸葛亮會發現，曹操的用人策略似乎更適合這個時代的發展。曹操在每次做重大決定的時候，都會先請教自己手下的謀士，讓各位謀士各抒己見，呈現多種不同的意見和方案。當謀士的策略和自己的想法相左時，只要能有助於形勢的發展，曹操就會欣然採納。他對每一個謀士的才能都持尊重態度，只要機會合適，他就一定會讓最適合的謀士施展出自己的才能。

而諸葛亮則做不到這一點。諸葛亮對每一件事都保持絕對的掌握，當有重大的決策時，諸葛亮會盡可能堅持自己的意見，而他手下的人員，則要完全服從他的調配。雖然諸葛亮會把他認為合適的人放置在合適的位置上，但人的主動性被大大壓縮，下屬長期處在被動的境地，就會喪失主動性，變成只會執行任務的「機器人」。

我們無法評判到底是誰的用人策略更好，但我們可以說曹操的用人策略比諸葛亮的用人策略更適合人的發展。假如企業的管理者僱了一位極有才能的專業經理人，但是什麼事都抓在自己的手中，凡事都自己親力親為，專業經理人一直處在被動的位置上，那再有才能的專業經理人也會受不了這種環境，他的才能無法施展、他的主動性被一再壓制，能力不但無法發揮，更無法成長。這樣的工作環境對人才來說是沒有價值的，所以，員工會很快離開這家企業。

上面是從人才的角度來看，如果我們從整個社會的組織形式來看，曹操的用人方式也更適合我們所處的這個時代。前面我們提到，網路的到來，讓我們這個時代變得無組織、無中心、無界限，傳統企業架構中的中心消失了，企業的管理者再也不是所有公司員工的中心，甚至公司員工人人都可以成為組織中心。企業組織生產，不再是管理驅動，而是變為需求驅動了。當某個專案需要某類人才的時候，這類人才就會自動聚攏過來，根據自己的專長各自分工。當這個專案結束的時候，專業人才又會自動尋找另一個適合自己才能的位置。傳統企業組織當中，一個人只能待在一個職位上的局面被徹底打破了。

一位有專業才能的工程師，他可能既是這個專案中的成員，又是另一個專案中的成員，只不過在不同的專案中，他的任務和角色各有不同。他可以是決策者，也可以是執行者。而在傳統的組織結構當中，一個工程師成為主管後，他就只是決策者，他的位置和角色是固化的、靜止的。

社會組織結構的這種變化，引發的就是個體角色的交叉和混雜。組織再也不需要一個固定的中心來管理人員，企業自上而下的金字塔式管理結構和用人結構也就沒有了存在的基礎。加上社會分工越來越細，個體在某個細分的領域內是專家，但是在其他領域，他就必須聽從這個領域內專家的指導。像諸葛亮那樣掌控每一件事的全才已經從我們的社會中消失了，而像曹操那樣，只要是某個領域有專長的人才，他都能吸納過來，並使其施展才能，才是現代社會需要的。

企業如何用人，是企業管理過程當中的重要話題。不同的企業、不同的時代環境，都會要求不同的人才。但是不論怎樣制定用人策略，都要根據時代的特色和組織架構的變化來選對人、用對人。把飛機的引擎裝在拖拉機上，別人不但看不出這個引擎的優勢，更不會覺得這個拖拉機有什麼特點。合適的人才只有用在合適的位置上，才是企業用人的上策！

二、尊重多元才能，推行「去中心化」用人策略

網路時代的到來釋放了每一個人的潛能，讓很多人的才能擁有了更多、更好的展示機會，人對於自身才能的被尊重提出了更高的要求。如果一家企業的管理者不懂得尊重人和他的才能，那這家企業必然無人可用。

在日本本田汽車的發展過程當中，曾經發生過一件因為管理者不尊重人才而給企業帶來巨大損失的事情。據說，本田汽車曾僱用過一名美國員工，這名名叫羅伯特的員工在汽車設計方面有極高的天賦。他是本田汽車董事長本田宗一郎專門請來設計汽車的高階人才。

被高薪聘請，羅伯特自然十分高興，在工作上也十分賣力。他每天都努力發揮自己的才能，不斷尋找靈感，設計出新穎的汽車車型。有一天，羅伯特設計了一款自己非常滿意的車型，他興致勃勃的拿著設計圖去給本田宗一郎看。此時，本田宗一郎正在自己的辦公室裡面休息，羅伯特因為正高興，所以並沒有注意到本田宗一郎在休息，一進辦公室，羅伯特就興奮的說：「總經理，我耗費了很長時間，總算設計出一款我自己滿意的車型了。你來看看這款車型，我相信只

要投入生產，就一定能贏得消費者的青睞，公司也能讓這款車型大賣……」

正在休息的本田宗一郎突然被羅伯特打擾，他的心裡非常不高興。想到一年多來自己高薪聘請羅伯特過來，羅伯特也並沒有拿出多麼優秀的方案。本田宗一郎漫不經心的說：「你先把圖紙放著吧！我等一下再仔細看。」羅伯特愣了一下，什麼也沒有說，便放下設計圖走出去了。

到了下午，羅伯特再次來到本田宗一郎的辦公室，他鄭重的問本田宗一郎：「總經理，我中午放在你桌上的設計圖，你看了嗎？」本田宗一郎愣了一下，他從抽屜裡拿出折得皺巴巴的設計圖說：「我看了一下，但是並沒有仔細看，等我有時間了再仔細看。」羅伯特聽到這句話後，對本田宗一郎說：「總經理，我要提出辭呈。這一年多來謝謝你信任我，我會記住你的關心的。」

本田宗一郎聽到這話時，非常吃驚，他沒有想到羅伯特會提出辭呈。羅伯特倒也沒有掩飾，而是很坦誠的說：「我拿出我費盡心血的設計圖時，你總是沒有時間看。它是我這一年來的心血結晶，就算不完美，你也應該認真看一看。你並沒有尊重我的才能，我相信總會有人尊重我的才能。」

果然，在羅伯特帶著設計圖離開後不久，他就找到了賞識他的汽車公司——福特汽車。福特汽車的主管們都非常欣賞羅伯特的設計，他們迅速將羅伯特的設計轉化為新車，並投入生產。很快，羅伯特設計的新車上市，受到了市場的青睞，而本田汽車的市場，卻因此受到了這款新車不小的衝擊。

我們不用去求證這件事的具體細節，但我們能從羅伯特的身上感受到這個時代尊重人的才能的重要性。或許每個人都不會像羅伯特那樣擁有極高的設計天賦，不能設計出令人青睞的東西，但是每個人都渴望自己的努力和才能得到他人的尊重。

在一家企業內部，擅長銷售的人員會渴望企業尊重他的銷售才能，提供給他更大的銷售平臺去施展才華；擅長組織管理的人員會渴望企業尊重他的管理才能，讓他管理團隊，發揮自身價值；擅長執行的人員則更希望得到明確的指令，讓他細緻入微的完成他應該做的事情。每個人的才能不同，每個人的社會分工可能也不同，但是每個人渴望尊重的心理是相同的。那麼企業的管理者又該如何做，才能真正達到尊重個人才能的要求呢？

(一) 提供人才施展個人才能的機會和平臺

一個人的才能要發揮出來，必須要有相應的環境。在當下的社會環境中，員工更加重視發揮個人能力，企業若是缺少供員工發揮的平臺，員工很可能會放棄企業，另尋它路。

（二）企業的管理者要設計出能激發員工才能的制度

不管是制定提供員工在職期間的各種培訓的制度，還是制定對員工充分授權的制度，都可以在一定程度上讓員工得到心理上的滿足。只有員工在心理上滿足了，他才會想到感激和回報企業。傳統的企業總是要求員工做這個、做那個，從來沒有想過從制度上給員工提供發揮才能的保障。尤其是職場上的七、八年級生，他們更渴望內心需求的滿足、渴望自我才能的展示，如果企業不能提供提升他們才能的培訓、不能充分授權讓他們施展才華，他們就無法從工作上得到內心的滿足。

（三）企業主動改變組織結構，推行「去中心化」策略，打破傳統企業的層級結構

自上而下的層級結構是傳統企業一貫的組織形式，企業的管理者釋出命令，透過一層層的傳遞，最後由執行者完成任務。但是網路時代的到來改變了這一切，企業的管理者與企業普通員工之間的距離消失了。「去中心化」讓管理者和員工，都能在企業的平臺上合作處理業務、同步共享資訊、形成知識體系、共同面對競爭和變化，進而消除「訊息孤島」和「應用孤島」，讓企業能在不放棄原有資訊系統的基礎上體

驗整合，並獲得對「人員整合」、「流程整合」、「資訊整合」、「應用整合」等需求的滿足。企業過去的層級機構已經沒有了存在的基礎，企業管理者唯有緊跟時代變化，以更加對等的關係去尊重人才，才能讓企業的人才發揮出最佳的能力。

(四) 讓員工參與決策，在發揮員工主動性的同時營造公司和諧氛圍

我們都知道，在傳統的企業當中，如果只有一個中心，那就是 CEO；如果有若干個中心，那就是若干 CXO。企業要想發展，就必須靠幾個關鍵的支點驅動，如果缺少了這幾個支點，企業的發展就會陷入混亂。而在今天，網路已經啟用了每個人的能量，企業的管理者如果讓員工參與到企業的發展過程當中，那員工的積極性將會更加高漲。這個時代，已經很難再推行一言九鼎那一套了。營造合適的土壤，讓員工的好主意發出聲音，製造出良好的企業氛圍，企業才有可能獲得更多的機會，平衡決策的風險。

總之，在網路不斷推動社會「去中心化」的今天，企業如果還沉浸在傳統層級結構的組織當中不能自拔，那員工就會在看不到發展前景的情況下，放棄企業，去尋找適合自己才能發揮的地方。企業尊重每個人的才能，雖然並不意味著要採納每個人的意見，但是一定要達到人盡其才、物盡其用的目的。

三、「運動員」思維：選對執行者而非裁判

在我們的社會中，很多人往往分不清自己所處的位置和身分，喜歡做越俎代庖的事情。在企業中，很多管理者會犯這樣的錯誤，他們往往忘記自己的身分，處在裁判的位置上，卻老是想著做運動員。這樣一來，企業的秩序總會被打破。要想保持企業正常的秩序，管理者就要回歸到自己的位置上，把運動員的位置和權利交給下屬。

所以，在企業的用人過程中，管理者應該懂得用人的運動場原理，善於以新用人思維來面對下屬，即，用人時要善於用「運動員」，不要用「裁判」。為什麼這麼說呢？

從最基本的原理來說，企業的管理者就是企業天然的裁判，一場比賽既然已經有了裁判，那只需要找來運動員就好了。如果管理者搞不清自己的身分，讓下屬當了裁判，而自己既想當裁判又想當運動員，那企業將會亂成一鍋粥，根本沒法發展。

具體說來，管理者用人時要選「運動員」的原因主要有以下 3 點。

(一) 企業需要那些
執行力強、創造力強、做事專業的人才

這些人才就像運動員一樣，能推動企業不斷往前發展，並開拓創新。熟悉體育的人都知道，運動員都有屬於自己的專業領域，在這個專業的領域內，他就是專家，並且運動員在自己的專業領域內做事時，會極為投入和認真，他有強大的驅動力推動他持續往前發展。運動員的這一特性對企業來說是極為寶貴的。

很多企業管理者在用人時，往往要求自己的下屬多才多能，卻從來不關心下屬的專業才能。如果下屬的專業能力不強，他在做事的時候就沒法全身心投入，沒法在精益求精的過程中創造出新的東西。網路時代，社會化分工越來越細，專業化人才越來越受到社會的青睞，例如銷售產業的人員，某個人可能擅長快速消費品的銷售；另外一個人可能擅長汽車銷售。如果不能準確細分他們的專業領域，就可能導致他們無法做出好業績。

對運動員來說，聽裁判的話絕對沒錯，他們跟自己的隊友之間會產生一種非常強的默契，有時候為了團體的利益，可以放棄個人的利益，而且，運動員一旦接到指令，就會立刻付諸行動，執行力特別強。這些特性對今天的企業來說，也是極為寶貴的。很多企業的員工不聽主管指令，做事拖

延，為了自我的利益爭吵不休。如果企業的管理者在用人的時候，就專門去挑那些具備運動員特點的員工，那企業的發展就會順利很多。

（二）企業需要那些有著強烈渴望，一心想做到最好的員工

在運動場上，運動員一旦接到指令，就會不顧一切的去贏得勝利，勝利和目標對運動員來說就是生命的全部。一個運動員，如果不一心想著怎麼取勝、怎麼做到最好，那這個運動員就是失敗的。同樣的在企業當中，如果所有的員工都像運動員一樣，一旦擁有了目標就誓不罷休，靠著自己內心的強烈渴望去贏得成功，那企業的管理就會相對容易很多。我們前面提到網路時代，企業的組織結構已經發生了變化，扁平化的組織結構讓每一個員工都可能成為組織的中心。如果員工沒有強烈的渴望，當他成為組織中心的時候，他怎麼帶領整個團隊去成功完成一個專案呢？

網路時代不斷淡化企業的層級管理，企業的老闆再也不是固定的組織核心，組織的真正核心變為客戶。而員工是距離客戶最近的人，他們懂得客戶的需求，決定著企業產品的發展方向，可以自由調配企業的資源。企業要想抓住客戶，要想以最快的速度回應市場的需求，就必須依靠員工的努力

和創新。若企業的管理者不能找到有強烈渴望的員工，那企業根本無法抓住客戶的需求，無法抓住組織的真正核心。

況且，網路時代，企業的創新往往都是從企業內部發生的。企業產品要想抓住客戶，要想實現跨越創新，就必須讓最具渴望和創新性的員工去攪動市場，創造價值。

(三) 企業需要精準選人，選擇那些精明、能幹、合適的人去滿足企業的快速發展

不管是打籃球還是踢足球，球隊在組成和發展的過程當中，一定要選擇那些身體強壯、敏捷，能承受壓力、能適合相關位置的運動員。比如 NBA 球隊，每個團隊裡的運動員都是百裡挑一的人才，誰適合前鋒、誰適合中衛，球隊隊長在選人的時候都是精準選擇的。一旦這些運動員被選中，他們就要充分發揮自己的專長，在合適的位置上發揮自己的能力，以適應球隊的發展節奏。

對企業來說，道理也是一樣的。網路時代是一個高速發展的時代，對於每一個企業來說，優秀的人才是企業發展的關鍵。企業必須精準選人，為合適的職位挑選到最合適的人才。那些精明、能幹、合適的人才一旦進入企業，他們就會在屬於自己的位置上發揮出最大的能動性，保證企業高速發展。

當然，運動場上永遠都有候補球員，一旦有人掉隊，就需要候補球員補上空缺。企業在精準選人的時候，也一定要考慮到企業人才的替補問題。在平時的用人過程當中，企業的管理者可以不斷完善企業的人才發展體系，讓職位人才不出現斷層，還要建立應急事件和重大專案的人才緊急補給體系。網路時代的企業都是以專案為中心高速發展的，專案要想順利完成，絕對不能出現人才斷層。

因此，企業用人跟運動場的情形是極為相似的。企業的管理者要在這個高速發展的網路時代跟上潮流，就必須不斷更新自己的用人思維。運動員與裁判的關係，就是管理者與員工關係的映照。如果企業的管理者能領悟到這個道理，擺正自己的身分，做好自己的「裁判」、選好自己的「運動員」，只需要制定企業發展的制度和規則，就能保證企業健康發展。

時代給企業的管理者提出了很多挑戰，同時也帶來了很多機會。扁平化的組織模式消散了企業管理者的核心地位，也讓員工的積極性得到了最大程度的釋放。管理者再也不需要辛苦思索如何管理人才，只要善於制定規則和制度，做好企業發展的裁判，那企業管理者就獲得了最大的成功！

四、專案導向的網路用人結構

在管理新思維中，我們提到了員工也是企業的上帝，企業的管理者在進行人員管理的時候，再也不能忽視員工的價值了。網路時代，管理在企業中的地位再也沒有過去那麼重要，而人才的地位逐漸上升，成為企業價值的核心之一。以下有幾個管理和用人的建議

第一，先盡可能去掉管理層，尤其是企業的中層，公司的稱呼也要改變，以前稱呼「董事長」，在網路時代，董事長的概念已經沒有意義了，應該改稱「創辦人」。企業既然沒有了董事長，那副總、助理等職位就沒有存在的必要了。

第二，讓員工專心於客戶和產品。員工是與客戶最接近的人，他們懂得客戶的需求，能快速響應客戶的一切要求。因為懂得客戶需求，所以員工也是最能創新和創造的人，只要讓他們安心於產品，他們一定能研發出滿足客戶需求的產品，並與客戶打成一片，為企業培養起忠實的粉絲。

員工就是連線客戶和企業的橋梁，失去了員工，企業就什麼都失去了。我們這個時代的商業環境已經發生了巨大的改變，企業只有透過員工去抓住典型客戶的需求，不斷透過員工的積極性和創造性去提升客戶的體驗、擴大自己的口碑、培養自己的粉絲，企業才有可能發展壯大。

無獨有偶，韓國某企業擁有幾百名員工，但是他們的管理層級卻只有 CEO、專案負責人、專案成員三個級別，並且專案負責人和專案成員的位置並不是固定的。當某個專案開始的時候，他們會根據專案的特點和專業，推舉擅長和專業的專案成員成為專案負責人，其他人則自動變為專案成員，聽從專案負責人的指揮。員工之間沒有層級關係，沒有誰應該聽從於誰的指揮，所有人都只對客戶負責。為了讓員工感到更加平等，在這家公司內部，所有的成員之間都只以英文名相稱，即使是企業的創辦人也一樣。至於企業內部的資訊傳達，任何員工，包括新來的員工，都可以直接向公司的創辦人提出建議或意見。這跟傳統企業當中，下屬不能越級向上級彙報是完全相反的。

企業組織的形式已經發生了如此大的變化，那麼企業的用人方式該如何跟上這種變化呢？

(一) 改變傳統企業中的管理層級，打破金字塔式層級結構，推行以專案爲主導的組織形式

在金字塔式管理模式當中，權力和職位是企業的核心之一，員工不能隨意越級提出建議或請求企業資源，這會導致員工無法及時回應客戶的需求，員工的積極性被壓制。如果企業改變了組織形式，推行以專案為主導的模式，那員工就

會成為單獨存在的個體，積極性和創造效能盡情發揮。在推行以專案為主導的組織形式時，企業的管理者可以學習以上提到的韓國某公司的模式。

例如，當新的專案開始時，首先讓所有參與專案的人員提出自己的構思和創意，在這個過程中一定要保證所有員工的創意都能呈現在專案成員的面前。當創意被呈現時，專案小組可以進行創意投票，誰的創意最符合客戶的需求、誰的創意最專業，就可以推舉誰成為這個新專案的專案組長。

有了專案組長還不夠，一個組織要想正常運轉，就需要搭配其他人員，這個時候根據其他專案成員的專長再由專案組長任命一些臨時職位。這樣一來，擅長研發的就專心做研發；擅長銷售的就專心做銷售，各司其職，各盡其能。

(二) 以人爲中心，發現人、培養人，讓員工在最有興趣的位置上創造出最大的價值

上面我們已經解決了組織形式的問題，接下來就要解決人的問題。人的價值在網路時代得到了極大的彰顯。對網路時代的企業來說，人才的價值是最為寶貴的。祖克柏曾說過，一個優秀的工程師可以抵得上一百個普通的工程師。所以，企業首先要善於發現那些為數不多的優秀人才。在以專案為主導的組織形式中，每個人都會在專案當中獨當一面，

如果專案成員的能力不足，那專案就沒有辦法往下進行，更不要說是有所創新了。那企業管理者到底該如何考察人才，選對人呢？

自動自發，有責任心的人才值得選用

傳統企業當中，員工總是等著主管安排任務；在網路化的組織結構當中，每個人都是自主自願的。如果員工缺少上進心，總等著別人催促，那這樣的員工是不值得任用的。專案當中的每一個人都需要承擔屬於自己的責任，需要自發的完成任務，員工的責任心肯定是不能少的。

注重效率的人才值得選用

注重效率這是企業任何時候都強調的一句話，但是在網路時代，注重效率有了新的含義，效率比以往更加重要。傳統企業當中強調效率，可能是要求員工完成任務、要求員工服從命令。但是網路時代的效率，不但包含完成分內之事，而且要求員工要充分發揮自己的潛力，在最大程度上調動企業提供的資源創造出更有價值的產品。企業給了員工充分的自主權，員工就要善於利用這種權力，在自己的專業基礎之上，為企業創造更大的價值。在專案為主導的組織形式當中，每一個員工的努力大家都看得見，企業盡可能提供員工最多的資源，自然也就會提供與員工價值相匹配的酬勞。所以，管理者在注重員工效率的同時，也一定要制定好激勵制度，不管是股權激勵，還是其他形式，都要讓員工在付出的同時得到同等的回報。

善於合作的人才值得選用

在傳統的組織結構當中，即使成員之間的合作不太和諧，處在高位上的主管總會協調與分配，團隊成員之間的合作並沒有那麼深入。但是傳統的管理層級消失後，團隊成員之間已經沒有專門的人員去安排和分配了，這就需要團隊成員更具合作意識。那些不善於合作的人，很快就會被團隊排擠出去。網路時代發掘了人的價值，但個人單槍匹馬奮鬥的話，也無法成就未來。這是一個團隊合作雙贏的時代，缺少合作精神，就意味著無法在這個時代很好的生存。企業的管理者一定要選用那些善於合作溝通的人加入企業，如果一個人專業能力很強，但是不善於合作，那他對企業也不會有太大的價值。

從用人組織結構到選用什麼樣的人，企業管理者需要改變的用人思維太多了。這是一個人人都是核心的時代，也是一個人人都不是核心的時代。人才可以根據企業和客戶的需求隨時發生變化，企業的用人也要根據客戶的需求和企業發展的需求去選用合適的人。人才如此重要，企業一旦選用到合適的人才，就要善於去留住人、培養人。再厲害的人才也是在企業的發展過程當中成長起來的，只要企業善於對員工進行培訓，勇於用最優厚的條件去留住人，相信人才必然蜂擁而來，企業的發展也必將勢如破竹！

第九章
坦誠溝通 ——
公關成功的核心祕訣

我們生活的時代，媒體技術發生了革命性變化，企業在公關方面的思維自然要隨之改變。有人說，每一個優秀的企業，未來首先是一個優秀的媒體。優秀的企業管理者，要懂得將公關作為企業品牌塑造、形象提升的常態工具，要坦誠面對民眾，勇於承擔社會責任。

一、信任：企業的最大無形資產

金融危機導致的信任問題得到了前所未有的關注。身為管理者，相信沒有人會否認信任的重要性：無論是消費者對於企業的信任、合作夥伴彼此之間的信任，還是企業內部各部門各階層的信任，對於企業的持續發展都是必不可少的。透支信任，確實可以為管理者在短期內帶來大量的財富，但任何有企業家精神的管理者，都不會願意做出這樣殺雞取卵的事來。事實上，隨著社會信任危機的越發嚴重，越來越多的管理者正在呼籲信任的回歸。究其根本，正是因為，信任才是企業最大的財富。

(一) 消費者不信任商家的原因

消費者不信任商家的原因主要有以下幾種。

侵略性強

有個很有名的行銷流派叫「成功學銷售」。有的管理者透過「成功學」鼓勵行銷人員像「瘋狗」一樣的不遺餘力的去追著消費者跑，無論客戶怎麼拒絕，都要以這種「堅韌不拔」的精神去「打動」消費者，無論多少次，直到成功為止。這是一種典型的侵略性銷售，無疑會加深消費者的牴觸心理，卻仍然有很多管理者樂意推廣這種方法。

不真誠

很多管理者都會犯的一個典型錯誤就是，他們一天到晚只想著如何把自己的東西賣出去。然而，消費者到底需不需要？喜不喜歡？管理者並不看重。當管理者眼裡只有自己的產品的時候，消費者自然會懷疑你的真誠。

喜歡操縱

有些管理者則自以為對於消費者的思考方式、行為動機都已經深入了解了，感覺自己比消費者聰明得多，便指望憑藉這種「了解」、「聰明」去操縱消費者。這樣的方式有時候是會帶來成功的，但一旦被發現，則「必死無疑」。畢竟，沒有人喜歡被當作傻瓜。

強調「剛性需求」

現今，越來越多的管理者喜歡使用「剛性需求」這個形容詞，他們試圖告訴消費者「這是你需要的！」然而，到底想不想要、重不重要、需不需要，這些都得消費者說了算。

不注重傾聽

在如今這樣一個市場環境日新月異的時代，消費者的需求幾乎時刻在變，隨著物質生活的豐富，消費者在進行消費時，越發看重自己的心理需求是否得到滿足。如果你無法滿足消費者的心理需求，讓消費者覺得你不關心他，消費者自然不會信任你。

其實，企業失去消費者的信任的原因有很多，有時候，身為管理者，對於消費者這樣的「任性」，也會感到無能為力。但信任作為企業最大的一筆財富，我們卻不能因為一句「無能為力」而放棄努力。

（二）消費者的信任所帶來的好處

信任是交易發生的前提

信任是交易的必然前提，消費者決定消費可能需要很長的時間，但他們決定不消費則只需要三十秒。管理者必須要明白「沒有信任，就沒有買賣」，而這裡的信任並非透過欺騙所獲得的。在資訊飛速傳播、消費者防範意識不斷增強的今天，想要以虛假的資訊獲得消費者的信任，實在是太難了，何況，被發現的後果還是「死路一條」。

信任帶來回購

當消費者在最初的信任購買產品之後，良好的產品和服務則能輕易的將消費者綁在自己的船上。消費者其實是很懶的，大多數消費者在選擇之後，都不喜歡改變，因為改變就意味著風險。因此，消費者的信任通常能促使他們回購。而在老客戶的回購中，我們卻只需要付出極低的一部分維護費用，就能讓老客戶為我們帶來的長期，甚至是無限期的利潤。

信任帶來品牌推廣

消費者通常樂於與人們分享自己愉快的以及不愉快的消費體驗，這也是很多管理者所重視的口碑效應。一旦消費者因為信任，跟親朋好友推薦，正面的口碑效應也就逐漸形成，企業品牌也因而得以推廣，而信任缺失則會帶來相反的結果。因此，管理者要把握住每一次提高消費者信任度的機會、清理掉每一個可能會降低消費者信任度的漏洞。

信任的內外融通

當我們一味強調消費者的信任時，管理者們也應當意識到，員工其實也是企業的消費者之一。員工消費的是企業文化，同時，也是企業產品和服務的潛在消費者，他們也是企業展示品牌形象的第一道窗口。如果失去了他們的信任，他們只會消極偷懶，甚至在公司之外，到處向人傳播企業的負面消息，而這種「內部消息」往往是相當致命的。

從另外一方面來說，如果管理者獲得了消費者的信任，也自然就獲得了外部人才的信任。他們信任企業的產品，自然而然就會信任企業的文化和管理模式，這就大大降低了企業的應徵和培訓費用。而消費者的信任反過來也會增強員工的滿意度和自豪感，從而促使員工自覺的提高工作效率。

而在我們將員工當作消費者的一分子的同時，身為管理者，我們也應當想到，在企業的執行過程中，還有另外一個重要的消費者 —— 我們的合作夥伴。無論我們做哪一行，都需要與上、下游企業合作，而在這當中，信任則是合作得以實現並維持的前提。

信任是企業最大的財富，它是企業得以發展的基礎，也是管理者在面臨險境，得以逃生的「王牌」。當企業遭到競爭對手的詆毀時，是信任讓消費者繼續選擇我們的產品；當管理者面臨資金短缺時，是信任讓上游企業允許我們賒帳；當企業陷入險境時，是信任讓員工願意與我們一起共渡難關！

二、危機中坦誠應對的重要性

近年來，企業的信任危機事件層出不窮，面對消費者的指責和憤怒所帶來的信任危機，管理者究竟要如何處理呢？

二〇一一年，豐田 Camry 轎車的煞車問題爆發，豐田採取的處理方式是：大規模召回；豐田社長豐田章男舉辦大型道歉會。這樣的處理方式，不僅沒讓豐田汽車因為這樣的大規模召回而失去市場地位，反而蟬聯當年汽車全球銷量第一。

品牌危機事件的發生，不僅沒有損害豐田在消費者心中的形象，相反的，豐田妥善的處理措施彰顯了它對於消費者的關懷和誠意，讓消費者對豐田更為信任。

從以上案例中，我們可以清晰的看出，面對危機事件的處理方式是否有效，最終決定了企業是否能擺脫危機，重獲信任。當企業的負面消息成為新聞頭條，身為管理者我們是應該沉默、推脫還是檢討？其實坦誠是最好的處理方式。

管理者在面對危機時，必須首先為消費者著想，身為危機的直接受害者，他們理應得到管理者的重視，而坦誠的處理態度則能最大程度的降低消費者的憂慮，減少消費者的損失，並為企業減小可能發生的信任衰減，甚至反而為企業贏得消費者更多的信任。具體來說，應該如何去做呢？

第一步，立即停售問題產品，並對問題產品進行「下架」和「召回」處理，避免更多的消費者遭受損失。

第二步，快速組建調查小組，積極調查、查明真相，找到產品發生問題的關鍵，並做出及時的處理和糾正，進而防止新的問題發生。

第三步，建立公關團隊，尊重消費者的知情權，及時公布問題處理進度，並公開承認過錯、表示歉意。切忌隱瞞真相、推卸責任。

這一點至關重要，很多管理者在面對危機時，會選擇隱瞞或推脫，擔心問題會給企業帶來不良影響。殊不知，這樣的處理方式只會「越描越黑」。沒有哪家企業可以保證產品盡善盡美，部分產品出現問題消費者是可以理解的，但在這時候，管理者一定要善於承認錯誤，並主動為消費者承擔損失。雖然有些損失不該企業承擔，但這樣的處理方式，對於企業與消費者之間的相互信任卻尤為重要。從長遠的角度考慮，「吃虧」所樹立的良好企業形象，反而會讓企業在未來受益。

第四步，在公布真相的同時，配以相應的品牌宣傳。透過坦誠的態度，讓危機對於企業信任的傷害最小化，同時將之打造為品牌正面宣傳的契機。

當然，危機公關的一個必要前提就是，管理者本身必須是誠信的，如果管理者有意做假，詐欺客戶的話。那麼，消費者知情後，必然產生恐懼和抵制心理。這時候，管理者再如何坦誠也無濟於事了。

三、大眾參與的公關策略

我們都知道，公關，是企業與民眾環境之間的一種溝通與傳播關係。企業做公關的目的很單純，就是在與周圍的各種內、外部民眾建立良好關係的過程中，實現企業的宣傳和行銷。在正常情況，企業透過公關來樹立企業形象、增強企業產品的吸引力，進而形成良好的口碑。而在企業形象出現危機的時候，公關就成了挽救企業社會形象，贏得民眾信任的最佳手段。

企業要處理與民眾的關係，有時候會透過塑造品牌形象來吸引民眾關注，有時候會參與社會公益來增加民眾信任。在這些行為過程當中，溝通與傳播是最重要的，如果企業只是單向傳播，那效果肯定不會太好。網路時代，資訊傳播工具更加便捷，企業與民眾之間的溝通與交流也更加方便，所以企業在開展公關活動的時候，一定要善於與民眾進行互動，善於拉民眾入夥，這樣民眾一旦主動參與到企業的傳播當中，公關效果將會非常驚人。

某品牌曾在「雙十一」購物節的前一天，突然在報上登出了「打臉雙十一」的大型廣告。在廣告中，頂部和底部都出現了辛辣的標語，最底部則配上了品牌 logo，並且在某些城市的公車站和公車廣告上，這樣的大型廣告也赫然出現。

此廣告一出，頓時引起了很多消費者的關注。他們紛紛拿起手機拍攝，將圖片發到網路社交軟體上。因為這些廣告用詞辛辣，而且圖片元素正是網路上的流行元素，消費者不管會不會參與購物活動，都自發的參與到了廣告的傳播當中。

在大量的民眾被捲入這場轟轟烈烈的公關傳播事件中後，品牌的相關負責人稱，他們只是想呼籲民眾理性消費，同時也是希望在這個相對開放的市場裡能有平等競爭的環境。

我們且不談這場民眾傳播到底是針對誰，單就其傳播效果來說，絕對是其他公關事件不能比擬的。在短短的時間裡，它的廣告的網路傳播效果就達到了普通民眾傳播效果的數倍。不管與品牌有沒有關係、不管會不會購買品牌的東西，參與傳播的民眾已經在心理上或多或少接納了品牌的廣告訊息，他們在接納後，又主動承擔傳播者的角色，讓品牌的民眾傳播效果呈指數級放大。

從這個民眾傳播事件中，很容易就能看出品牌成功傳播的核心，那就是「大眾參與」。只要民眾和企業站在一起成為一夥了，那企業與民眾的關係就不用擔心了。這個事件帶給企業管理者怎樣的公關思維呢？

首先，要善於發掘民眾內心的軟肋，以流行元素吸引民眾關注。我們都說紙本媒體廣告已經衰落了，但是畢竟紙本媒體在民眾權威性上，還是有一定的影響力的。品牌正是抓住了民眾的這種心態，在報紙上刊登大型廣告，但是廣告元素卻是網路流行元素，這樣一來倒顯得這些廣告十分新奇，民眾自然會被吸引。

其次，要引發民眾內心的共鳴。企業公關要想讓民眾人夥，就必須打動民眾的心。就像品牌相關負責人所言，他們只是想呼籲民眾理性消費。民眾已經被氾濫的購物節廣告轟炸得失去了抵抗力，品牌突然送來一些關懷，這無疑觸動了民眾的心弦。

最後，要充分利用網路時代的資訊傳播工具、充分發揮新媒體的力量，讓民眾形成自發傳播之勢。我們在行銷新思維中曾提到過新媒體行銷思維，其實公關和行銷並沒有明確的界限。當企業進行公關傳播時，當下最流行的新媒體是傳播的重地。如果民眾不能在社交軟體上自發分享，這次的廣告絕對不會有這麼大的影響力。當然，要讓民眾自發分享，除了上面所說的觸動民眾的內心，還要讓傳播的內容具備流行元素，能讓民眾產生討論。對於廣告詞，民眾是有爭議的，但正是這種爭議，給了這次事件傳播的動力。

此外，企業還要注意引導民眾朝著正向的方向傳播。企業透過公關活動就是要塑造美好的正面形象，如果公關傳播做得非常有影響力，但是最終卻是貶低了企業的形象，那這樣的公關是得不償失的。

在結束了第一波購物節活動後，所有的電商又迎來了第二波促銷活動。民眾們沒有想到的是，品牌趁著第一波購物節廣告的餘熱，又對第二波促銷活動進行了民眾傳播。這次傳播，品牌選擇了當年最流行的網路用語，配上了犀利的圖畫，再次引爆了網路民眾傳播。

我們不需要去討論這次傳播的具體細節，我們需要關注的是，在這一次次的民眾傳播過程當中，品牌用到了哪些公關傳播的策略和思維，又是怎樣一次次拉民眾入夥，讓民眾主動成為廣告的傳播者的。

品牌兩次公關傳播都採用了近乎相同的傳播方式，大型的廣告、犀利的畫風、辛辣的廣告詞、最流行的元素等，無一不是在瞄準網路傳播。行動網路讓民眾的手機成為傳播資訊的來源和終點，只要事件足以吸引民眾的注意，那麼在短時間內，整個網路就會傳播開來。在過去，很多企業做公關的時候，藉助的都是紙本、電視、廣播等媒體，在網路發展到一定程度的時候，又開始藉助網路進行公關傳播。到了今天，我們說企業做公關傳播，幾乎等同於企業做網路公關傳播，網路已經成為公關傳播的主要陣地。即使在紙本媒體上刊登廣告，最終的目的地還是網路。說得準確點，其目的地是包括手機、平板等在內的行動網路客戶端。

拉民眾入夥一起進行民眾傳播，不僅僅是說民眾傳播資訊本身，它也包括傳播的工具。網路時代是人人關注手機客戶端的時代，是「低頭族」透過手機傳播資訊和獲取資訊的時代。企業在進行民眾傳播的時候，一定要考慮到民眾傳播資訊的習慣，善於借助時代的大局勢引爆傳播。

另外，品牌在進行民眾傳播的時候，非常善於把自身的訊息嫁接在當下最流行的事件之中。我們看品牌第二波促銷活動廣告中的語言都是剛發生的社會事件中的語言，經過網路的傳播，這些語言成為了網路流行語。品牌非常巧妙的捕捉到了這些流行語，並且很自然的嫁接在自己的廣告當中。民眾在接觸這些傳播資訊的時候，並不會排斥，反而會被吸引。加上這些流行語本來就已經具備了一定的傳播基礎，品牌的廣告傳播便不費任何氣力就輕鬆吸引了民眾的注意。

在企業的公關過程當中，有的企業總是想著透過製造各式各樣吸引人注意的事件來傳播，有的企業喜歡砸重金，鋪放廣告進行傳播。但這些傳播方式都沒有辦法讓民眾主動參與進來。網路時代，人與人之間渴望互動、渴望交流和討論，企業的公關資訊只有迎合了消費者的這些需求，民眾才能真心加入，並主動承擔起傳播者的責任。

值得企業管理者注意的是，並不是說任何一個網路流行語、流行事件都能拿來用，企業做公關時，一定要善於區別那些不適合企業公關傳播的元素。有的網路流行事件在某個時間段內可能傳播得很紅，但是它的生命週期可能很短，等企業拿來用時，這個流行的浪潮已經過去了，企業不但得不到良好的公關效果，還有可能帶來負面的效用。

企業的管理者更要注意，民眾傳播的目的是為了樹立企業的良好形象，千萬不要貿然藉助那些負面的和流行語來進行民眾傳播。在傳播的過程中，企業也要有意識的引導傳播。民眾在傳播過程當中有時候盲從性比較大，如果不注意引導，可能就會出現負面效應，給企業帶來極大損失。

四、娛樂化的公關傳播優勢

在一些企業管理者的思維中，公關是一件非常嚴肅的事情，尤其是遇上危機公關的時候，需要開記者會，向媒體解釋，非常正式、非常嚴肅。實際上，在娛樂至上的今天，消費者的口味趨向於娛樂化，企業的很多公關傳播行為完全可以以娛樂化的方式進行。娛樂化的公關傳播方式，如果應用恰當，會有以下的幾個好處。

(一) 適應網路時代的娛樂化發展趨勢，迎合民眾的口味

隨著人們生活節奏的不斷加快，人們在工作和生活中承擔了太多壓力。所以在休閒的時候，人們都喜歡透過那些娛樂化的資訊和內容來解壓，輕鬆詼諧的東西往往更能引起民眾內心的共鳴。只要我們稍稍關注網路上的熱門話題，就會發現很多網路電臺、網路劇、微電影等，都以娛樂化的方式來傳播資訊。而娛樂化的資訊也往往比較容易成為民眾的關注焦點，為什麼演藝圈有任何風吹草動，就人人皆知？就是因為娛樂資訊更能引起消費者的興趣。

前幾年，百事可樂做的一次公關行銷，就是應用了娛樂化思維。遊戲在資訊時代越來越紅，很多人在休閒的時候，就以玩遊戲來放鬆。而百事可樂一直塑造的品牌理念是「把樂帶回家」，為了體現「把樂帶回家」的理念，百事可樂把微電影《我們把樂帶回家》的主題曲植入了某款遊戲中，並在捷運裡安裝了 LED 螢幕，民眾坐捷運時，就可以在 LED 前人機互動，玩巨型的遊戲。」在玩遊戲的歡樂中，百事可樂「把樂帶回家」的理念也就無形中深入人心了。

（二）娛樂化的公關傳播方式更容易轉移民衆的注意力，進而減弱危機事件對企業的傷害

企業的公關很大一部分其實都在做危機公關，當企業發生危機事件，影響到企業的形象和利益的時候，企業必須立刻啟動公關手段，消除不良影響。但如何以最好的方式讓消費者在不知不覺中轉移注意力，這是企業公關的難點所在。有的企業在遇到危機時，不但能以娛樂化的方式轉移注意力，還能利用危機給企業做一次實實在在的行銷。有的企業在遇到危機時，卻完全亂了陣腳，不知道如何面對，總想著試圖掩蓋。殊不知，越掩蓋越讓民眾覺得企業有問題，企業的形象和利益受損是必然的了。

（三）娛樂化的公關傳播思維更容易讓企業借勢娛樂事件展開行銷，進而以最小的成本獲得最大的收穫

在公關領域內，經常有企業借勢一些娛樂事件，巧妙植人企業的品牌，進而以最低的成本提升企業的形象。這個公關方式比較能考驗企業公關團隊的公關能力，因為一旦借勢娛樂事件操作不當，很容易對企業的形象造成誤傷，得不償失。

二〇一四年上映的電影《變形金剛 4》（*Transformers: Age of Extinction*），在片中有很多品牌都有置入，希望藉這部電影提升品牌知名度，但是因為很多品牌置入得比較生硬，民眾並不買帳，一些品牌還遭到了觀眾的抵制。令人意外的是，有個名不見經傳的牙膏品牌卻因為《變形金剛 4》賺得缽滿盆滿。這個牙膏品牌並不是《變形金剛 4》的贊助商，它為什麼能借用《變形金剛 4》的效應呢？因為這個牙膏品牌想了一個非常巧妙的辦法，他們邀請《變形金剛 4》的主演做形象代言人。這樣一來，《變形金剛 4》的民眾影響力就被該牙膏品牌巧妙的利用到了其品牌形象中。

當然，娛樂化的公關傳播方式還有其他的好處，在這裡我們就不一一贅述。企業管理者需要做的是，要從這些成功的娛樂化公關方式中獲取自己企業公關的新思維，以便在未

來的企業發展中更好的塑造企業形象和品牌。

企業管理者要打破過去嚴肅的公關思維，善於將公關傳播娛樂化。其實任何事情都有多面性，只要企業能完整陳述事實，讓民眾明白事情真相，採取什麼樣的方式並不會影響民眾對事件的判斷。那企業為什麼不可以用民眾最容易接受的娛樂化方式來做公關呢？不過，娛樂化的公關千萬不要用在死亡等過於嚴肅的事件當中，那樣會適得其反。

企業管理者還要善於借力娛樂事件，達到事半功倍的效果。在企業的發展過程當中，所有人都在講效率，那什麼才是企業的效率呢？當然是以最低的成本完成最多的事情，達到最好的效果。企業藉娛樂事件巧妙公關，就有這樣的效果，或許企業只是付出了極小的成本，但因為方法得當，其民眾傳播效果是非常好的。

企業還可以自己製造娛樂話題，引發民眾關注，進而塑造企業形象。這樣的策略對那些跟娛樂本身就比較搭邊的企業來說比較合適，因為對他們來說，製造一個足以引起民眾關注的娛樂事件並不難。這樣的企業能把控自己製造的娛樂事件產生的效應，所以使用起來也比較省時省力，例如有的一些傳媒公司為了提升知名度，會透過炒作一些演藝事件來吸引關注、會透過一些娛樂事件來引發討論等。

總之，娛樂化的公關思維是企業管理者值得借鑑和使用的一種思維，只要善於策劃，能把控公關的傳播節奏，找準民眾真正關注的點，最終的公關效果是非常驚人的。網路時代，只有善於借勢的企業才是順應時代潮流的企業，管理者具備新的公關思維，就能為企業的發展錦上添花！

五、真誠與策略兼具的公關實踐

據數據統計，每人每天花在手機上的時間是五點八小時。行動網路已經成為人們生活中必不可少的陪伴。面對這樣的時代變局，企業的公關究竟該何去何從呢？

很多企業總把公關當作是發生危機時的救急手段，在企業正常的發展過程當中從來不重視公關的作用。這樣導致的後果是危機公關時企業往往手忙腳亂，捉襟見肘。在網路時代，媒體工具的變革已經深刻的改變了消費者，也改變了企業。從某種意義上來說，企業不再是單純的企業，而是要承擔起媒體的責任，常態化的向民眾傳播資訊，所以也有人說，每一個優秀的企業，未來都首先是一個優秀的媒體。

企業要承擔起媒體的責任，就必須將公關常態化，讓公關成為企業必不可少的一部分，讓企業的公關不再像是公關，而是如春風化雨般潛入民眾的意識當中。要做到這一點，企業管理者就必須轉換思維，堅持幾個原則。

(一) 企業必須保持眞誠，讓所有民衆都感受到企業的眞誠，進而對企業產生信任

之前我們說過，信任是企業最大的財富，失去了民眾的信任，企業將無路可走。要獲得民眾的信任，企業就必須時

刻以真誠的態度面對民眾。不管是資訊傳播，還是企業發生危機時的澄清，都必須及時、真誠。縱然企業因為疏忽對民眾造成了負面影響，只要企業以真誠的態度面對民眾，民眾肯定會給企業改正的機會，甚至還會繼續支持企業。至於企業管理者如何引導企業保持真誠，在上面我們已經提到，就不再贅述。

（二）企業在公關過程中要堅持傳遞有價值的資訊，而不是一味製造噱頭

很多企業管理者總覺得公關就是吸引民眾注意力以輔助銷售，這完全是錯誤的。公關是建立企業與民眾之間的傳播關係，雖然吸引注意力是公關的一部分，但不是全部。有的企業經常製造一些無厘頭的噱頭來博得民眾關注，在一時之間，可能會發揮一定的效果；從長遠來說，民眾都有自己的判斷，欺騙根本解決不了問題。

例如這幾年很多企業都在大力宣傳所謂的「智慧電視」，有些企業在宣傳「智慧電視」的時候，誇大了很多東西。消費者真正用到智慧電視的時候，才發現智慧電視粗製濫造、系統混亂不堪、應用程式少得可憐……僅僅頂著「智慧」的名號卻要比普通電視貴出很多。面對這樣的情況，消費者怎麼可能買帳？一些企業見這一招不靈，又繼續炒作雙核 CPU、

深度定製系統等噱頭，希望再次博得消費者的關注。但是消費者每天都被各種資訊輪番轟炸，一旦他們被欺騙過一次，就再也不會關注了。

(三) 堅持策略公關先行，盡最大可能避免危機公關的發生

有人給企業公關分了幾個層次，最常見的就是日常公關；其次是危機公關；最高層次的是策略公關。而很多企業用得最多的，就是危機公關。殊不知，日常公關和策略公關都是為避免危機公關而存在的，只不過這兩種公關方式沒有危機公關名氣大罷了。

這就如古代扁鵲的故事一樣：

有人曾問名醫扁鵲，你們家兄弟三人，都擅長醫術，但是你覺得誰的醫術更好？扁鵲回答：「老大的醫術最好；老二的醫術其次；我的醫術最差。」此人很是驚訝，問為什麼大家都只知道扁鵲的名聲，而不知道其他二人呢？扁鵲回答說，老大看病都是在病情發作之前就給病人解決了，所以病人根本不知道自己有病，而且被治好了；老二看病是在病剛發作時，這個時候病情不嚴重，所以被治好後病人覺得自己只是得了小病；而我治的病人，都是病入膏肓的人，治好他們後，他們就覺得我很厲害。其實，我哪裡比得上老大和老二呢？

企業公關跟扁鵲治病是一個道理，企業的管理者千萬不要等著企業病入膏肓的時候才想著給企業「治病」，一定要防患於未然。這樣別人根本看不到企業做過公關，可以達到無招勝有招的境界。

(四) 企業公關要善於連線，善於建立社群、善於跨界、善於聯盟

這個時代的傳播技術和傳播方式已經發生了革命性的變化，企業的公關方式必須要跟上時代的變化，並不斷尋求新的突破。

網路讓整個世界都連線起來了，企業和個人成為這張大網上的一個個節點，而物聯網又讓世界上所有的物體都連線在一起。企業的公關傳播就必須以「連線」的思維來進行，要時時刻刻保持與世界的連線。不管是企業的官方網站、粉專、Line@，還是手機客戶端，都要最大限度的跟民眾連線，讓民眾與企業心靈相通。

我們也曾提到過粉絲經濟，企業要想擴大影響力，就必須培養自己的粉絲，建立屬於自己的社群。不管是什麼樣的企業，總會有一批忠實的消費者陪伴著企業的發展，如果企業善於維護這些忠實客戶，透過他們擴大企業的口碑和影響力，企業的公關就會輕鬆很多。

至於跨界和聯盟，這是當下電商和新媒體比較常用的手段。企業在公關過程中可以適當借鏡。總之，企業公關的思維是多種多樣的，時代無時無刻不在變化，管理者一定要緊跟潮流，以新型思維和方式做好企業公關！

第十章

創新無界 ——

思維突破與資源整合的可能性

「創新思維」是每個時代主管們常說常新的思考方式。任何時候企業要是失去了創新，它就可能明天倒閉管理者要培養自己的創新思維，就要懂得多方面、多角度地尋求突破，懂得在學習借鏡中走向未來。

一、創新為本：不進則退的時代危機

「不創新是等死，創新就是找死」。在經濟高速發展的今天，大多數傳統的經濟模式都已經是「前人走過的路」，這時候的故步自封只會讓自己「倒在明天」，而創新雖然是「找難受」，卻能夠讓人絕地求生。

身為管理者，我們每個人都懂得創新的重要性。然而，創新究竟是什麼呢？創新不是把別人的東西換一個外殼、包裝，不是把一堆莫名其妙的東西放在一起，也不是管理者整天掛在嘴上的口號。「創新」是真正的以新穎獨創的方法解決問題，進而產生新穎的、獨到的、有社會意義的思維成果。

二、資源整合的創新法則

對於大多數管理者而言，重新創造的創新並非易事，僵化思維的存在難以突破。畢竟，如蒸汽機、電腦、網路這樣時代性的發明創造，在整個人類發展史中都少之又少。

如今，在市場上，管理者與其重新創造，不如去整合資源。所謂的整合資源，就是管理者辨別不同類型的資源之後，進行選擇、擷取、安排和融合，使之更具柔性、條理性、系統性和價值性，透過摒棄無價值的資源、整合有價值的資源，進而以新的核心資源體系，帶領企業走上一條「死裡求生」的新路。而具體如何去做？管理者則需要根據企業的實際情況進行選擇。

(一) 內部資源與外部資源的整合

在企業的不斷發展中，企業必然已經累積了相當多的內部資源，這些雖說是企業的底蘊所在，但也可能在長期的累積中，產生出一部分雜質。管理者在進行內部資源與外部資源的整合時，更重要的還是在於去蕪存菁。

而在這樣的「去蕪存菁」中，我們仍然要以企業內部資源為基礎，畢竟，我們整合資源是為了透過較為溫和的方式去實現改良創新，而不是真的進行大刀闊斧的改革。管理者應當辨別出那些與企業內部資源相適應的外部資源，透過企業併購等形式，將之與內部資源進行有效的整合。在此過程中，需要剔除企業內部長期累積的負面資源，進行適當的業務外包，以充分發揮內外資源的效率和效能。

（二）新資源與傳統資源的整合

傳統資源通常是管理者們可以信手拈來、任意玩轉的資源形式，然而，在新技術、新資源不斷湧現的今天，如果我們還固守於傳統資源，生產效率也無法提高，甚至最終只會被別人給整合掉。

在網路與資訊科技高速發展的今天，新技術正是當今時代最重要的新資源。隨著國家和社會對於智慧財產權和技術專利的越來越重視，我們更應該儘早地辨別出與傳統資源相適應的新資源，進而有效整合，以新資源提高傳統資源的使用效率，並透過對傳統資源的合理利用，啟用新資源，讓其在循環往復中，實現企業競爭力的螺旋上升。

（三）縱向資源與橫向資源的整合

在這裡，縱向資源實際上就是指對於產業鏈各環節資源的整合，管理者既可以與產業鏈上兩個或多個廠商結為利益共同體，也可以直接進入其他環節；橫向整合是指對於產業鏈中某一環節各類資源的有效組合，進而提高對該環節的資源的有效利用。

在進行縱向資源與橫向資源的整合時，管理者不妨問自己這樣幾個問題：自己是否處於產業鏈上最有利的位置？自己是否在做最適合自己、最能發揮自己優勢的工作？如果不是，自己在哪些環節上沒有相對優勢？又應該整合哪些具有相對優勢的資源？如何整合？而在自己所關注的環節中，又有哪些資源可以重新組合，提高該環節的效用和價值？在產業鏈外，又是否有資源可以與自身實現有效互補？

身為管理者，當我們找到這些問題的答案時，自然也就知道該如何在縱向資源和橫向資源的整合中，找到並占據自己在產業鏈當中最為合適的位置，並以產業鏈外的資源鞏固我們在目標位置上的地位。

(四) 個體資源與組織資源的整合

「小農經濟」思維對商業社會的影響，就是社會中存在大量的個體企業和小企業。不可否認的是，他們的存在對於經濟的發展有所裨益。但與此同時，大量的同業帶來的是產業內同質化競爭嚴重，使得個體在「價格戰」中利潤微薄，資源也在一定程度上有所浪費。

因此，管理者在整合資源時，可以從對個體資源與組織資源的整合做起，將零散的個體資源進行系統化、組織化的整合，使之不斷地融合到組織資源當中。在這樣的過程中，組織資源也可以迅速地融入到個體資源的載體中，進而激發個體資源載體的潛能，實現個體資源和組織資源的共同發展。

對於管理者而言，重新創造不僅意味著極大的難度，更意味著極大的風險，而整合資源，則能夠幫助管理者以相互溫和的方式，在對先有資源的重新組合中，實現企業競爭力的大幅提升。

三、捅破「天花板」：突破限制的多元策略

產業有天花板嗎？有？那就在有「天花板」的地方，捅破天花板。很多管理者認為產業有「天花板」、市場有「天花板」，覺得做到一定地步就「做到頂」了，沒辦法繼續做下去了。但如果我們勇於捅破我們所認為的「天花板」，就會發現一片新的天地。

(一) 多元化模式

多元化發展模式，是管理者觸及天花板通常會選擇的手段。合理的運用多元化模式也是極為有效的，透過進駐多個市場，能夠極大地擴大生存空間。

(二) 國際化模式

很多產業的領先者在觸及「天花板」時，都會選擇發展國際業務。然而，很多管理者的國際化布局更多地著眼於先進國家，要知道，由於立足點較高，先進國家企業選擇國際化就像是一場「居高臨下的俯衝」，而開發中國家企業向先進國家進軍則是一場「艱難的仰攻」。

(三) 產業轉型

在很多管理者看來，產業轉型是一場「革命」，意味著企業必須調轉船頭，重新開始。在多元化模式的基礎上，產業轉型其實並沒有那麼難，因為成功的多元化模式已經為企業打造了多個「船頭」。

企業發展確實存在天花板，但天花板卻非「天頂」，就算我們不敢「捅破了天」，難道我們還不敢「捅破了天花板」嗎？在有天花板的地方，我們所要做的就是運用創新思維捅破它，只要換個思維，我們就會發現，天花板只是我們踏上下一個臺階的墊腳石而已，而故步自封只會讓我們困守於層出不窮的「天花板」中，最終的結果只能是「悶死」了自己。

四、細節中的創新價值

創新並非一定要做得「高大上」，細節之處的創新，才能夠更顯出管理者對於消費者的重視，讓消費者在企業的關懷入微中，感到感動、感到信任。對於管理者而言，細節創新究竟該如何開展呢？

(一) 將創新融入到企業文化之中

在網路時代，對於管理者而言，最重要的就是創新，無論是對於產品、商業模式還是服務，都需要不斷創新，否則終究會被淘汰。之所以如此，正是因為時代的變化所帶來的消費者行為的改變。消費者需求越發的「吹毛求疵」，就需要我們將創新融入到企業文化之中，在每一個細節上做到吹毛求疵。

(二) 細節也是一種創新

很多管理者認為創新就必然是全面的，覺得唯有如此，才能在不斷的細節填充中創造出非凡的成就。然而，事實如何呢？我們可以看到的是，大多數經典的創新都是透過細節上的不斷創新累積而成的。

（三）以使用者需求爲核心

網路時代是真正的「使用者為王」的時代，隨著消費者行為與思維方式的改變，個性化成為當今時代消費者的主要需求。而個性化到底是什麼？說到底，也就是同款產品各處細節的差異而已，而這就意味著，管理者需要為消費者生產定製化的產品。

然而，生產企業正是依靠量化生產，實現成本攤提，定製化的生產所帶來的成本大幅提高，會得到消費者為之買單嗎？

創新從來不是一蹴可幾的，只有將創新融入到企業文化中，讓創新從每一個細節處開始，管理者才能圍繞著消費者的需求和「痛點」來不斷滿足消費者的消費需求。

五、「複製＋改良」的創新實踐

創新真的有那麼難嗎？其實，這只是管理者陷入了迷思，創新並不一定是主動創新，「複製＋改良」同樣是一種創新。

《哈佛商業評論》(*Harvard Business Review*) 曾經做過的一項調查研究顯示：主動創新的成功率為百分之十一，而「複製＋改良」的成功率則達到了百分之四十五。在這個「不創新就會死在明明天」的時代，管理者想要依靠創新來帶領企業活下去，不妨選擇這樣一種存活率更高的創新方法——「複製＋改良」。

正是因此，李嘉誠、松下等人做企業時，所遵循的其實都是「老二法則」，讓「原創」衝在最前面去「踩地雷」，而自己則只需要避開地雷跟著往前走即可。連「現代管理學之父」彼得·杜拉克 (Peter Drucker) 都坦言：「複製本身就是創新，複製是創新的前提，而創新是成功的關鍵。」

當管理者們為網路思維的顛覆性而危機感爆炸時，不妨從另外一個角度來看待網路思維。對傳統產業而言，網路思維的最大作用不是顛覆，而是改良和改善。網路思維開放、互動的特性，將改變製造業的整個產業鏈。因此，用好網路思維，製造業產業鏈上的研發、生產、物流、市場、銷售、售後服務等環節，都要順勢而變。

首先是研發。網路時代有著極強的互動屬性，而在雲端儲存、大數據技術的支撐下，管理者則能夠真正實現對於消費者需求的直接了解，這也必然會讓企業的研發模式發生深刻的變革。只有那些能夠充分掌握個性化市場需求的靈活、高效、低成本的研發流程和體系，才能在網路時代迸發出更大的獲利，進而得到市場的認同和接受。

其次是生產和物流。研發流程和體系的改變，也將改變工業化時代的生產模式，低成本的客製化生產成為廣大管理者的共同訴求，而透過將企業管理數位化與物聯網、無線電頻率、感測技術相結合，傳統製造業的自動化、模組化程度也將大幅提升，這就為低成本的客製化生產帶來了實現的可能。

再次是市場、銷售和售後服務。一方面，隨著網路尤其是行動網路的普及，讓資訊的獲取與傳播變得更加容易，這就使得企業與消費者之間的資訊不對稱被打破，而資訊的開放和消費者話語權的增強，也讓過去單純在媒體新聞上「砸廣告」以樹立品牌、推廣產品的模式，無法再適應市場需求。

另一方面，長尾效應所帶來的客製化、個性化需求，也要求企業主動與消費者搭建起溝通的橋梁。無論是借助現有電商平臺，還是自己搭建全新 O2O 銷售體系，都將對傳統的管道概念、分銷模式帶來衝擊。

最後是金融。網路思維所帶來的改變，已經不只體現在傳統製造業領域，它對金融業的觸動也已清晰可見。

當網路思維的觸角已經伸向傳統產業的每個領域的時候，身為管理者，我們就不能再坐視不管。由於自身技術和經驗的缺乏，我們很難直接轉型為網路企業，但我們卻能夠透過對網路企業的成功模式進行複製和改良，將網路基因融入到自身之中，進而實現自我創新。

如果管理者們意識到「複製＋改良」也是一種創新，就能夠明白其間的關係。在美國等西方先進國家，經過幾百年的發展，其傳統製造業、服務業等都已相當成熟，在這種情況下，想要實現傳統業務與網路以及行動網路業務的有效對接，自然存在相當的困難。

六、重塑規則，成為行業規則的制定者

如果說一步步的從細節處創新，或者「複製＋改良」的「老二法則」，讓管理者感到委屈。那麼，重建規則，讓自己成為規則制定者又如何呢？

這看起來很令人心動吧？但我們真的可以嗎？

重建規則，讓自己成為規則制定者。這看起來似乎很困難，那只是因為我們身為管理者不敢想而已。重建規則從來都不是那些大品牌、大企業的特權，規則制定者也從來都不是他們的專利。

管理者們大概都聽說過這樣一句話：「一流企業知道如何制定規則，二流企業知道如何建立品牌，三流企業知道如何訂立價格。」而制定規則之所以重要，正是因為好的規則可以搭建起一個產業鏈互利雙贏的商業平臺，進而形成一個正向循環的生態體系，而在更多人因為這個規則、體系獲利的同時，也讓他們為這個規則、平臺，以及規則制定者做出貢獻。

後記

關於商業思維，所有的企業管理者都在研究，這是一個日議日新的話題。在這個變化快得讓人有些跟不上的時代裡，市場、商業模式、行銷手段等等每天都在發生著變化。企業的管理者一旦停步不前，就會面臨被時代淘汰的困境。那麼新時期企業的管理者到底該如何做呢？

在這本書裡，我以自己十四年的企業經營視角探討了在當下的商業環境當中，管理者應當具備的新商業思維。說到新商業思維，其實「新」就源於我們所處的這個不斷變化的時代。網路技術、大數據技術、行動網路、3D 列印等等新一代的技術變革，給我們的生活和市場帶來巨大的變化。消費者的需求越來越多元、人們越來越重視自我個性，這就導致企業的生產就必須緊跟消費者需求變化的步伐。在過去，企業的生產主導者消費者的消費傾向，但是如今，消費者的需求完全主導了企業的生產行為。不能適應消費者需求的企業，未來都會被歷史淘汰。

政府一直呼籲企業轉型更新，外在環境也逼著企業轉型，但除了硬體的更新，還需要經營管理者思維意識的轉變。企業粗放型的發展模式已成為過去式，企業需要根據自身特點和需求進行定位，思維則自然會跟著轉型，然後再進行企業的創新和轉型。這是我撰寫管理者新商業思維的主要原因。在書寫的過程中，我發現，其實不管什麼時代、什麼樣的商業模式，都與企業的管理者有著很緊密的關係。管理者要想具備新的商業思維，就必須具備敏銳的嗅覺、擁有超前的意識。身為企業經營者，必須不斷修煉自己的商業敏感和管理意識，要以高度的管理智慧引導企業，才能讓企業在紛亂複雜的社會浪潮中乘風破浪，向前進。

成書倉促，書中難免有謬誤，希望讀者能熱忱斧正！

邢國英

電子書購買　　爽讀 APP

國家圖書館出版品預行編目資料

顛覆與重構，管理者的新商業思維：管理轉型、行銷創新、資源整合、重塑品牌……超越傳統生態圈，打造具有前瞻性的企業競爭力！ / 邢國英著 . -- 第一版 . -- 臺北市：沐燁文化事業有限公司 , 2025.01
面；　公分
POD 版
ISBN 978-626-7628-29-4(平裝)
1.CST: 企業經營 2.CST: 企業管理 3.CST: 管理者
494.1　　　　　114000118

顛覆與重構，管理者的新商業思維：管理轉型、行銷創新、資源整合、重塑品牌……超越傳統生態圈，打造具有前瞻性的企業競爭力！

臉書

作　　者：邢國英
發 行 人：黃振庭
出 版 者：沐燁文化事業有限公司
發 行 者：崧燁文化事業有限公司
E-mail：sonbookservice@gmail.com
粉 絲 頁：https://www.facebook.com/sonbookss/
網　　址：https://sonbook.net/
地　　址：台北市中正區重慶南路一段 61 號 8 樓
8F., No.61, Sec. 1, Chongqing S. Rd., Zhongzheng Dist., Taipei City 100, Taiwan
電　　話：(02) 2370-3310　傳真：(02) 2388-1990
印　　刷：京峯數位服務有限公司
律師顧問：廣華律師事務所 張珮琦律師

定　　價：350 元
發行日期：2025 年 01 月第一版
◎本書以 POD 印製